Dr. Ahmed R. Mahmood
Dr. Mustafa A. Alheety
Prof. Dr. Ahmet Karadag

Estruturas nanoestruturadas de carbono modificado com proteína de casca de ovo

Dr. Ahmed R. Mahmood
Dr. Mustafa A. Alheety
Prof. Dr. Ahmet Karadag

Estruturas nanoestruturadas de carbono modificado com proteína de casca de ovo

Compostos de nanoestruturas naturais de polímeros-carbono para tratamento de água

Publisher:
Sciencia Scripts
is a trademark of
International Book Market Service Ltd., member of OmniScriptum Publishing Group
17 Meldrum Street, Beau Bassin 71504, Mauritius
Printed at: see last page
ISBN: 978-620-3-37912-9

Nanoestruturas de membrana de proteína de carbono modificada de casca de ovo

Dr. Ahmed R. Mahmood

Dr. Mustafa A. Alheety

Prof. Dr. Ahmet Karadag

Prefácio

Uma nova modificação química de um polímero natural (proteína de membrana de casca de ovo solúvel (SEP)) com três nanoestruturas de carbono diferentes (óxido de grafeno (GO), nanotubos de carbono de paredes múltiplas (MWCNTs) e grafeno (G)) foram conduzidos para preparar novos materiais de nano-adabsorção. A proteína de membrana de casca de ovo solúvel em óxido de grafeno (GO-SEP), proteína de membrana de casca de ovo solúvel em nanotubos de carbono de paredes múltiplas (MWCNTs-SEP) e proteína de membrana de casca de ovo solúvel em grafeno (G-SEP) foram caracterizadas usando FTIR, XRD, TG, DTG, DSC, SEM, STEM e distribuição granulométrica. Estas nanoadsorbentes foram utilizadas para embalar duas colunas de extracção de fase sólida diferentes. O SPE utilizando GO-SEP ou MWCNTs-SEP como materiais de embalagem foram desenvolvidos e melhorados por um método único depende da utilização de ditiocarbamato como agente quelante do chumbo e cádmio para determinar a sua concentração em quatro amostras de água diferentes por espectrometria de emissão óptica - plasma acoplado indutivamente (ICP- OES). O agente quelante preparado ditiocarbamato de ácido barbitúrico bis-sódico (BADTC) foi produzido através do tratamento do ácido barbitúrico com CS2 na presença de NaOH. Os factores que influenciam a pré-concentração e determinação do chumbo, cádmio, cobre, cobalto e zinco (pH, taxas de fluxo de amostra e eluente, concentração e tipo de eluentes, volume de amostra, concentração do agente quelante e iões interferentes) foram examinados em pormenor.

Conteúdos

CAPÍTULO *1*

5

Síntese, caracterização de GO-SEP para extracção de fase sólida reforçada de iões Pb(II) utilizando BA-DTC

1.1. Introdução

O chumbo é um metal pesado, tem muitos riscos e é considerado um elemento altamente venenoso para humanos e animais porque pode causar muitas doenças como a anemia e o cancro. Ao mesmo tempo, o chumbo pode acumular-se nos solos, especialmente nos que contêm substâncias naturais elevadas. Por conseguinte, causará poluição ambiental nos solos e plantas devido à sua capacidade de substituir outros metais nas plantas e uma massa nas suas superfícies. Foram utilizadas muitas técnicas para extrair este metal pesado. Uma destas técnicas é a extracção de fase sólida que é barata, rápida, simples e fácil de automatizar ferramentas para preparação e amostras de pré-concentração. Além disso, é utilizada para a extracção de analitos de uma matriz complexa, como sangue, urina, água, amostras de alimentos e mais outras. O primeiro material que utilizámos, é uma membrana de casca de ovo, como forma solúvel (SEP), que é um extracto natural de membrana biológica de casca de ovo. Este polímero natural foi utilizado como um bom material adsorvente porque é composto principalmente de fibras reticuladas de proteínas que contêm aminas, amidas e grupos carboxílicos. Enquanto que o segundo material de base é (GO), que é uma das nanoestruturas de carbono com uma configuração de folha. Este nanomaterial tem muitas propriedades tais como elevada área superficial, e muitos grupos funcionais oxigenados (hidroxila, carbonila, e epóxi) mas a principal e importante é a capacidade de fazer muitos tipos de ligações (covalentes e não covalentes) que o tornam um bom adsorvente. Este trabalho baseia-se essencialmente no nosso trabalho anterior, que conclui a preparação de SEP contendo nanotubos de carbono. Por conseguinte, tendemos a desenvolver esta matéria-prima (ESM) misturando a sua forma solúvel com outra nanoestrutura de óxido de grafeno de carbono (GO). Dependendo de trabalhos anteriores, que estabeleceram o complexo de adsorção de metais pesados com ligandos, como o oxime de benzoína , 2-(2-benzothiazolylazo)orcinol , diethyldithiocarbamate de sódio , somos repetidamente preparados e utilizados BADTC que preparámos anteriormente para desenvolver o SPE de chumbo utilizando a coluna GO-SEP. A razão pela qual o BADTC (Figura 1.1) é utilizado é a extraordinária capacidade quelante deste ligando, que contém sete átomos que são adequados para a ligação aos átomos metálicos e, portanto, a formação de um complexo de coordenadas de macromoléculas. Esta macromolécula permite outra compatibilidade com os centros activos de nano-adsorventes, que é a capacidade de capturar este microcomposto dentro de nanopartículas. Assim, permitindo um processo de separação muito mais forte. O objectivo desta investigação é preparar um novo material com elevada eficiência de adsorção (GO-SEP). Este material de embalagem é utilizado para a embalagem da coluna e mede a sua eficiência em SPE nas condições óptimas. Posteriormente, esta coluna é utilizada para a determinação de um íon de chumbo divalente em amostras ambientais (água).

1.2. Experimental

1.2.1. Reagentes e soluções

Foi utilizada água desionizada para a preparação da solução (Milli-Q Millipore 8 MQ.cm ^{1} condutividade). Foram adquiridas à Aldrich soluções de stock padrão 1000 g/ml de Pb (II). Soluções tampão: 0,02 M HNO3 foi utilizado para (pH inferior a 3), KH2PO4-NaOH (pH 3-8), NH4Q-NH3 (pH 9-11) foram obtidos de BDH. Ácido barbitúrico, dissulfureto de carbono, hidróxido de sódio, dimetilsulfóxido e nitrato de sódio foram adquiridos de E. Merck. O pó de grafite foi comprado à CHEM SAVERS. Ácido sulfúrico, permanganato de potássio, ácido clorídrico, ácido nítrico e ácido tioglicólico foram comprados à HI-MEDIA.

1.2.2. Aparelhagem

Os espectros de infravermelhos foram registados pelo espectrofotómetro (Shimadzu-FTIR-8400S) dentro do intervalo (400-4000 cm-1) na Universidade de Tikrit. O espectro de ^{1H} NMR foi medido utilizando DMSO-d6 como solvente no instrumento Bruker MHz- Avance III (400 MHz). A análise térmica TG e TGA foi registada utilizando PerkinElmer Diamond TG/DTA com gama de temperaturas: 35- 600 ^{oC}, taxa de aquecimento: 0,01-100 ^{oC}. min-1, balanço Tipo: tipo diferencial horizontal, atmosfera: ar, gás inerte, vácuo (10-2 Torr), taxa de fluxo de gás de purga: 0- 1000ml.min-1. A análise DSC foi registada utilizando SET ARAM DSC 131 Calorímetro de varrimento diferencial. O ^{1H} NMR e todas as análises térmicas foram medidas na Universidade Tokat gaziosmanpasa, medições de difracção de raios X DTA foram registadas para nano materiais usando (Shimadzu - XR - 6000) dispositivo com Níquel - Filtro de cobre para a radiação de raios X (Cu Ka, X = 1,5406 A). O microscópio electrónico de varrimento (SEM) da GO-SEP foi medido utilizando instrumentos Oxford SEM Tech. O microscópio electrónico de transmissão por varrimento (STEM) do GO-SEP foi medido utilizando os instrumentos Oxford SEM Tech. A distribuição granulométrica (PSD) do nano sorbente preparado foi registada pela Mastersizer, Malvern Instruments Ltd. XRD, SEM, STEM e PSD foram medidas no laboratório central de investigação da Universidade de Bartin. O íon divalente de chumbo foi determinado utilizando a Espectrometria de Emissão de Plasma Acoplado Indutivamente (ICP-OES). O Thermo Scientific™ iCAP™ iCAP™ 7000 Series ICP-OES, Cambridge, UK) foi utilizado para a determinação da concentração de analistas. As condições óptimas de operação para ICP-OES estão resumidas na Tabela 1.1.

1.2.3. Procedimentos

1.2.3.1. *Ditiocarbamato de ácido barbitúrico bis-sódico (BADTC)*

Este reagente foi preparado de acordo com o método típico em solução A de B.A (0,4 g, 3 mmol) em 7 ml de DMSO foi adicionado ao CS2 (0,48g, 6 mmol) na presença de NaOH (0,25g, 6 mmol) num frasco de fundo redondo de gargalo. A reacção foi mantida a 0-4 ^{oC} utilizando um banho de gelo. Esta mistura foi submetida a agitação contínua durante 3 h. O sólido rosa obtido foi depois filtrado, recristalizado em (5:2 etanol: benzeno). O produto foi seco numa estufa de vácuo a 90 ^{oC} durante 4 h. m.p >320, FT-IR(KBr, cm-1) 2933w, 2821w v(CH2), 1685vs, 1632vs v(C=O), 1500s v(C=N), 913m v(C-S), 1090m v(C=S). 1H- NMR(d6-DMSO, ppm): (6, 3.258,2H, CH).

1.2.3.2. Preparação de óxido de grafeno (GO)

GO foi preparado segundo o método de Hummers , 1g de grafite foi adicionado para arrefecer 45 ml de ácido sulfúrico concentrado e mexido num banho de gelo durante 15 min. 4 g de nitrato de sódio e depois 6 g de permanganato de potássio foram adicionados à solução acima e mexidos num banho de gelo durante 6h e deixados arrefecer à temperatura ambiente. A temperatura da mistura foi elevada a 35°C num banho de água durante 30 min. e a mistura tornou-se pastosa de cor castanho-avermelhada profunda. 50 ml de água desionizada foram então adicionados à mistura acima referida. A temperatura foi então elevada para 90-98 ^{oC}. A mistura acima foi diluída pela adição de 250 ml de água quente desionizada, depois adicionou-se 30% H2O2 (~ 30 ml) até a solução ficar de cor amarelo vivo. O pó de óxido de grafite foi seco a 40 ^{oC} durante 24 h.

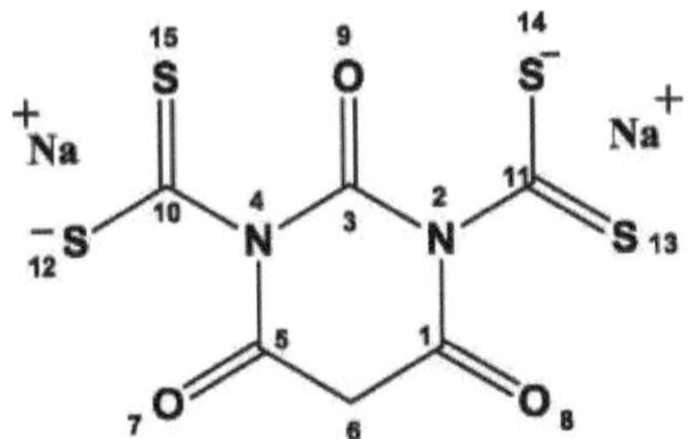

Figura 1.1. Estrutura química do BADTC

Quadro 1.1. Parâmetros de condições de funcionamento para as medições

ICP-OES

Potência do gerador de RF	1.150 W
Caudal de gás refrigerante	12 l.min-1
Gás auxiliar	0.5 l.min-1
Taxa de bombeamento	50 rpm
Fluxo de gás nebulizador	0.5 l.min-1
Pressão do gás nebulizador	230 kPa
Tempo de lavagem	20 s
Vista Plasma	Axial
Número de	3
Comprimentos de onda analíticos	Pb (220.353) nm

1.2.3.3. Proteína de membrana solúvel em casca de ovo (SEP)

250 g de cascas de ovos foram lavadas com água desionizada para remover albumina. As cascas de ovos lavadas foram mergulhadas em 500 ml de ácido acético a 2% a 25 °C durante 1h. para facilitar a separação de uma

membrana de casca de ovo de uma casca. A membrana da casca do ovo foi lavada com água desionizada para remover o ácido acético. 10 g de ESM em pó foi imerso em 150 ml de (1,2 N de ácido tioglicólico e 10% de solução aquosa de ácido acético) e sonicado durante 1h. a 25°C para formar uma solução de suspensão, depois foi refluxado (aproximadamente 30 h) até ESM estar completamente dissolvido .

1.2.3.4. Preparação do sorbente GO-SEP

O óxido de grafeno é um nanomaterial caro, por isso preparamos novo material misturando SEP com GO a fim de o utilizar como sorbente ecológico e barato para microextracção de fase sólida 0,2g de GO foi disperso em 10 ml de água desionizada utilizando o ultra-sónico durante 1h. Esta solução foi adicionada a 20 ml de SEP (aproximadamente 2g) e filtrada durante 3h e refluxada a 80 °C durante 10h. O sólido foi separado por centrifugação da mistura. O sólido preto-acinzentado foi lavado com água duas vezes e seco sob vácuo.

1.2.3.5. Recolha de amostras

As amostras de água foram recolhidas em Tuz, Salah Alden Governate-Iraque. Um total de 4 amostras de água foram analisadas para determinar a concentração de chumbo(II).

1.2.3.6. Preparação das colunas

A coluna foi preparada embalando 0,299 g do nano GO-SEP numa coluna de vidro vazia (6,85 cm de comprimento x 0,3 cm i.d.). Ambas as extremidades da coluna foram fechadas por lã de vidro para evitar qualquer perda de nano sorbente durante as etapas de SPE. Depois, a coluna foi ligada a uma bomba com tubagem para formar um sistema de pré-concentração. 5 ml de solução 2 mol L-1 HNO3 e 10 ml de água desionizada de alta pureza foram passados através da coluna para a lavar.

1.2.4. Aplicações para amostras de água

Esta nova coluna foi utilizada para detectar iões Pb(II) em várias amostras de água (água da torneira, água do rio Aqsu, água do esgoto, e água subterrânea) Tuz, Salah Alden Governate- Iraque. As amostras foram filtradas utilizando papel de filtro. Estas amostras de água foram acidificadas em 10%(v/v) de ácido nítrico. As condições óptimas que foram obtidas foram aplicadas às amostras de água. A concentração de iões de chumbo foi medida pelo ICP-OES.

1.3. Resultados e discussão

1.3.1. Caracterização dos materiais preparados

1.3.1.1. FT-IR

O espectro FT-IR do SEP mostra picos a 3280br, 3068w, os 1650s,1541s e 1398s cm-1 que são atribuídos às vibrações de estiramento NH, CH aromático, amide I, amide II e C-N de estiramento. Outros picos a 2964w, 2927w e 2873w cm-1 são atribuídos às vibrações de estiramento alifático do CH e o pico a 2634w, 2542w cm-1 que são atribuídos aos grupos de tiol do ácido tioglicólico. Os picos característicos de GO apareceram a 3409br cm-1 (vibração de estiramento O-H),1730s cm-1 (vibração de estiramento C=O), 1379vw cm-1 (vibração de deformação O-H) e 1080w cm-1 (vibração de estiramento C-O), enquanto que o pico a 1627s cm-1 pode ser atribuído à água. No caso de modificação de GO a fim de preparar o sorbente barato GO-SEP. O pico característico de GO a 1730s cm-1 de carbonil e o pico epoxídico a 1080w cm-1 são reduzidos, indicando que GO é reduzido por amino grupos de SEP. O grupo de aminas primárias pode ser enxertado em nano folhas de GO através da reacção $_{SN2}$ com grupos epoxídicos e carbonílicos de GO. Os picos emergentes a 1637s cm-1 (vibração de flexão N-H) e 1228m cm-1 (vibração de estiramento C- N) confirmam a ocorrência da reacção $_{SN2}$. As duas bandas de vibração de estiramento H-N-H são combinadas para dar banda larga a 3276 cm-1 . Estas atribuições são uma boa melhoria para a formação do GO- SEP. Ver Figura 1. 2.

1.3.1.2. padrão de raio-x

O padrão XRD do GO preparado (Figura 1. 3) mostrou um pico de alta intensidade na superfície 001 e ângulo 2θ = 11,8385° com uma distância de d = 7,469A para a superfície 002. Este valor está de acordo com as literaturas anteriores. A medição também mostrou outro pico no ângulo de 2θ = 25,5251° com um espaçamento d de 3,486 A para a superfície 211. A partir da equação de Debye Shearer, o tamanho das nano folhas GO foi calculado em 8,69 nm. Isto é consistente com o que é afirmado nas literaturas . A difracção de raios X do pó de GO-SEP (Figura 1.3) mostrou um pico largo que diferia dos de GO. O pico apareceu a 2θ=23,3044° com um espaçamento d igual a 3,81393 A. Este novo pico confirma a interacção do SEP com GO para dar uma nova substância GO-SEP. Este novo pico e o desaparecimento dos picos principais de GO a 11,8385° é considerado uma boa prova da interacção e redução de carbonil e epoxídicos, bem como da sua associação física com a superfície do

GO para GO-SEP. Cálculos do tamanho das partículas usando a equação de Debye Shearer mostraram que o tamanho médio do GO-SEP é de 33,90 nm e que a grande diferença entre o tamanho do GO-SEP em comparação com o GO por si só é uma boa prova da ocorrência da reacção.

1.3.1.3. Análise térmica (TG, DTG, DSC)

GO-SEP foi quebrado termicamente apenas em duas fases. a primeira fase a 80-170 °C com uma perda de peso de 12% indica a perda de moléculas de água que foram absorvidas devido à sua elevada energia superficial ou que foram retidas nos poros ou entre as camadas deste nano sorbente. a segunda fase foi notada a 170-300 °C com uma perda de 62%, indicando a perda e degradação dos constituintes aminoácidos das proteínas. Enquanto se observa uma alteração no DTG a 100-246 e 250-449 °C devido à perda de grupos hidroxilos, bem como a perda de água entre as camadas deste nano adsorvente. Como se mostra na Figura 1.4. A análise DSC de GO-SEP deu apenas um gradiente na gama 63,6874-116,8547 °C para a substância com maior percentagem (proteína solúvel) e o pico refere-se à reacção endotérmica com um valor de 291,76 J.g-1.

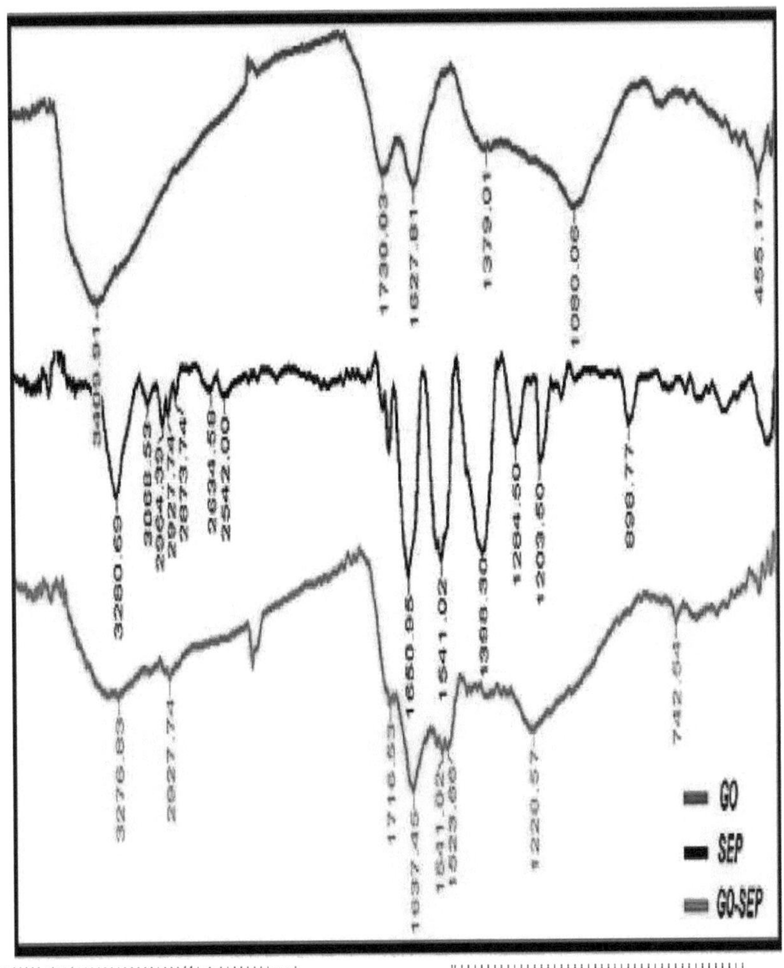

" 1 M 1 B 1350 1050 900 750 600 450 fa

Figura 1.2. FT-IR de (GO, SEP e GO-SEP)

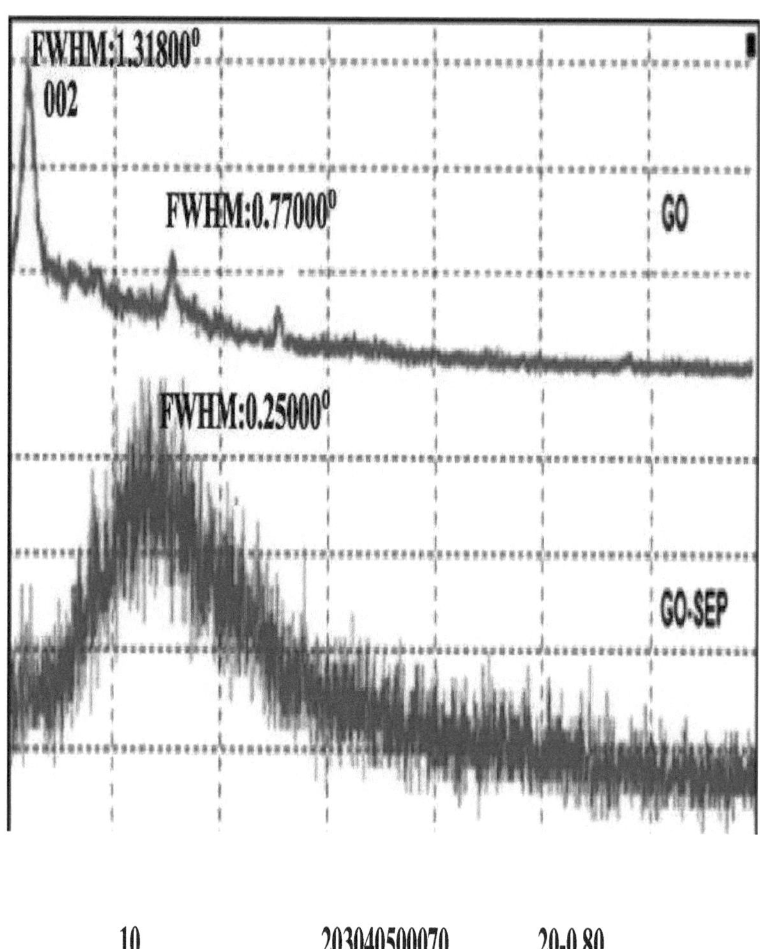

Figura 1. 3. X-RAY do GO e GO-SEP

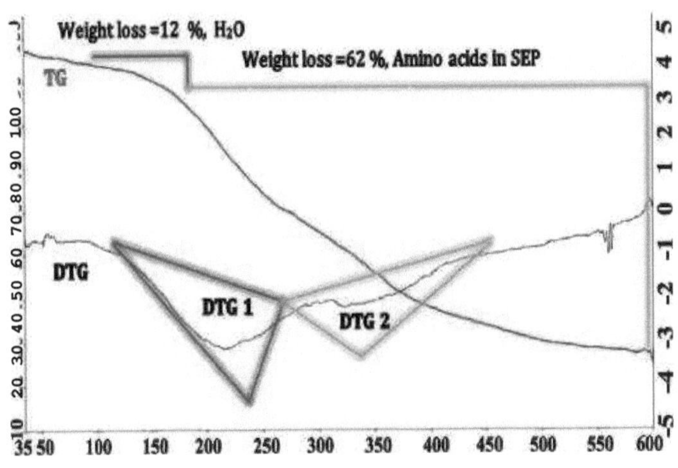

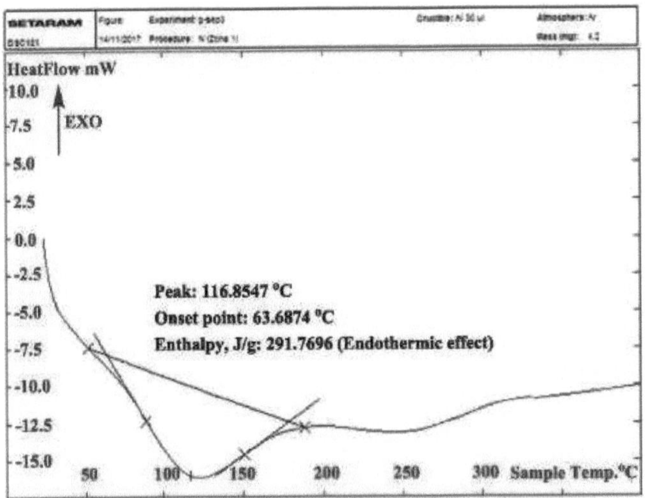

Figura 1.4. Análise do TG/DTG e DSC do GO-SEP

1.3.1.4. Medidas de morfologia (SEM, STEM) e distribuição granulométrica(PSD)

As medidas morfológicas do GO-SEP deram-nos uma grande compreensão das propriedades deste material. O SEM do GO-SEP mostrou a presença de configurações nanoestruturadas não regulares deste material, que atingiram uma gama de espessura de 30-33 nm, como mostra a Figura 1. 5 (a). A STEM demonstrou a presença de óxido de grafite revestido com polímero de membrana de casca de ovo solúvel. A STEM também mostrou a presença de SEP nos bordos do material como uma fina camada sombreada, como mostra

15

a figura 1. 5 (b). Como um esforço adicional, o PSD foi medido para demonstrar e descrever o tamanho médio. O tamanho médio foi 30 nm calculado a partir dos D10 (10nm), D50 (25nm) e D90 (55nm), que foram determinados pelas projecções entre o volume acumulado e o tamanho, como mostrado na Figura 1.5 (c).

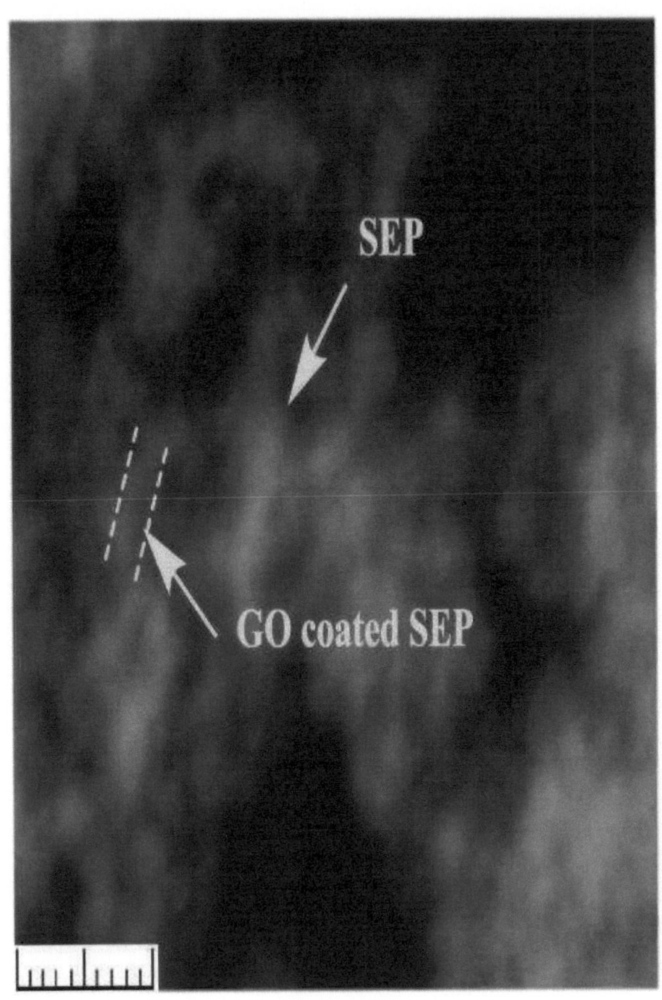

50 nm

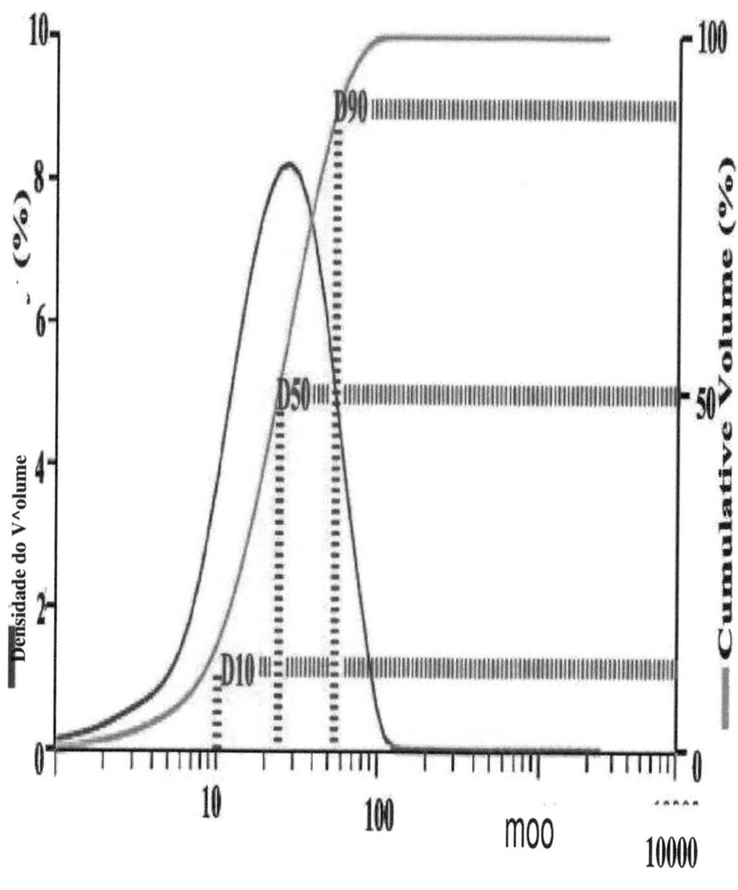

Figura 1. 5. (a) SEM, (b) STEM e (c) distribuição granulométrica de GO-SEP

18

1.3.2.Estudo das condições óptimas

1.3.2.1. Efeito do pH

O pH é uma das condições de optimização importantes para a eficiência da SPE devido ao seu papel na recuperação de iões metálicos . O efeito do pH na adsorção de Pb no sorvente GO-SEP foi examinado na gama de (2-11) utilizando soluções padrão de Pb, mantendo outros parâmetros constantes e ajustando-se com soluções tampão. O pH óptimo foi encontrado em 8. Os resultados são mostrados na Figura 1. 6. O pH para todos os outros trabalhos foi efectuado a 8.

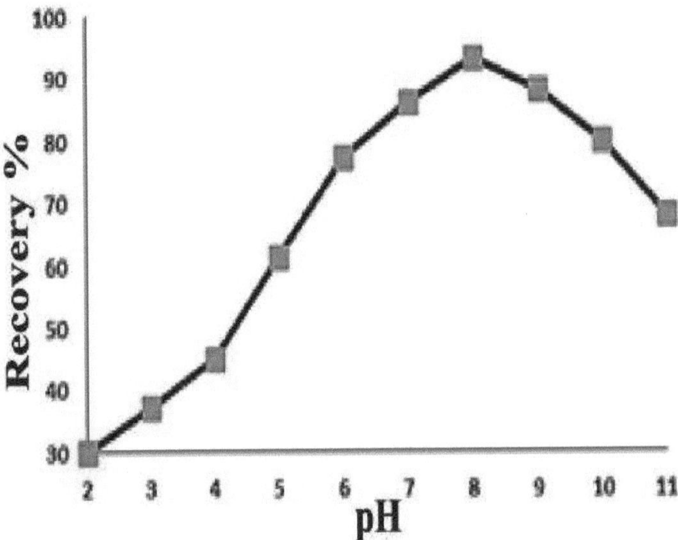

Figura 1.6. Efeito do pH na recuperação do analito ,s iões (N=3)

I.3.2.2. Efeito das taxas de fluxo

Foram estudadas taxas de fluxo de amostras e eluentes (Figura 1.7) na gama de 0,55 ml min-1 e outras condições mantidas constantes. Os resultados mostraram que a adsorção de chumbo para todas as amostras foi observada com taxas de fluxo de amostras e soluções eluentes até 1 e 2 ml min-1, respectivamente. Estas taxas de fluxo de amostra e eluente foram escolhidas para utilização em mais experiências.

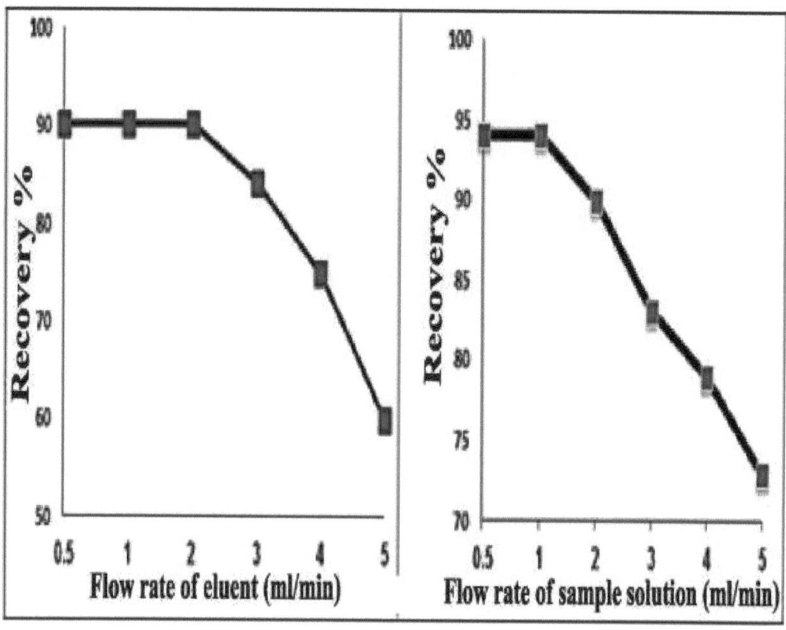

Figura 1. 7. Efeito do caudal de solução de amostra e eluente na recuperação dos iões da substância a analisar (N=3)

I.3.2.3. Efeito dos tipos de eluente e concentração

A dessorção do íon Pb(II) do sorbente preparado foi estudada utilizando três tipos diferentes de solução eluente de 5 ml (HCl, HNO3 e HNO3 em acetona), em primeiro lugar examinou-se o HCl e o HNO3 e descobriu-se que o HNO3 é o melhor. O HNO3 em acetona também foi aplicado como eluente e verificou-se que a recuperação obtida é superior a 95% (Quadro 1.2) com 5 ml de 2 mol L-1 HNO3 em acetona.

Quadro 1.2. Efeito do tipo de eluente e concentração na recuperação

Solução eluente (mol. L-1)	Recuperação %
0,5 HNO3	55.3
1 HNO3	60.4
2 HNO3	73.6
3 HNO3	87.9
0,5 HCl	36.7
1 HCl	40.2
2 HCl	42.6
3 HCl	46.7
1 HNO3 em acetona	92.8
2 HNO3 em acetona	95.1

1.3.2.4. Efeito do volume da amostra

O efeito do volume da amostra é um parâmetro muito importante. O efeito do volume da amostra na recuperação de iões foi estudado na gama de 5-100 ml com taxas de fluxo óptimas (100 ml). Os resultados são mostrados na Figura 1. 8. Os resultados mostram que o volume óptimo da amostra é de 100 ml. Por conseguinte, 100 ml foram seleccionados para trabalhos adicionais.

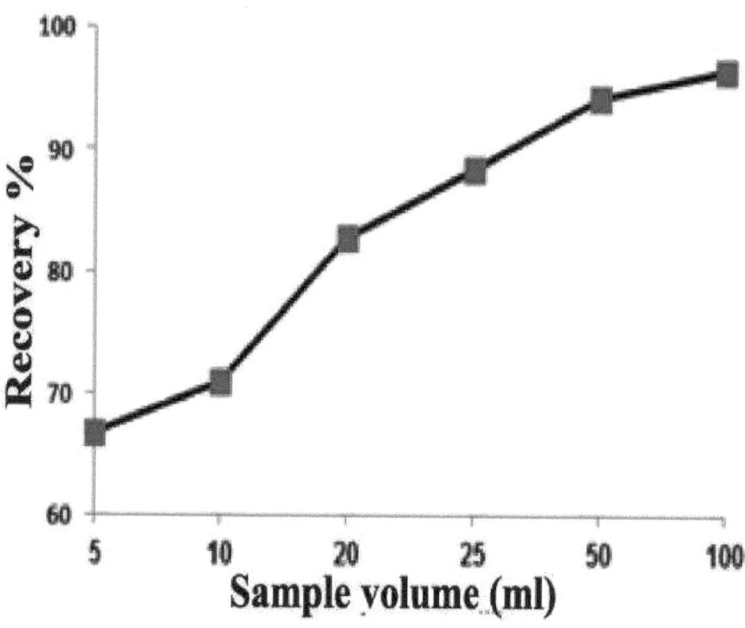

Figura 1.8. Efeito do volume da amostra na recuperação dos iões da substância a analisar (N=3)

1.3.2.5. Efeito da concentração do agente quelante

O agente quelante é outro parâmetro de optimização na SPE que afecta a recuperação de iões metálicos . Por conseguinte, (BADTC) foi preparado e utilizado para examinar o seu efeito sobre a recuperação. (0-8*10-3 mol L-1, 250 ml) deste reagente quelante foi misturado com amostras contendo chumbo. Os resultados são mostrados na Figura 1. 9. Recuperações quantitativas (> 94%) foram obtidas com uma concentração de (4,8*10-3 mol L-1 e 6,4*10-3 mol L-1) do BADTC. Estes resultados mostram que o novo reagente quelante é necessário para as recuperações quantitativas porque contém muitos grupos funcionais capazes de coordenar os iões de chumbo. (4,8*10-3 mol L-1) do BADTC foi seleccionado para mais experiências.

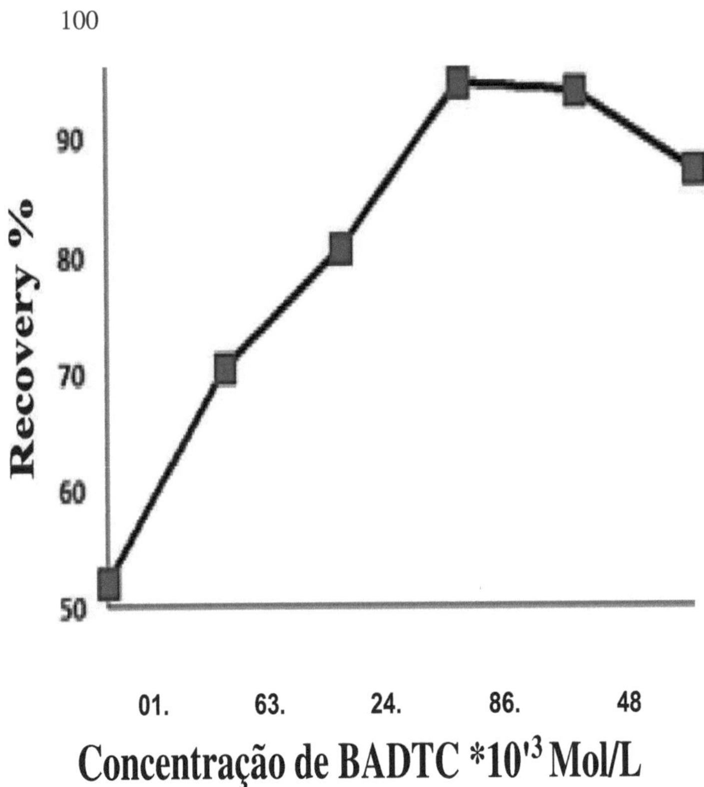

Figura 1.9. Efeito da concentração de ligando na recuperação de iões de Analista

(N=3)

I.3.2.6. Efeito de iões interferentes

Este efeito foi estudado através da adição de diferentes quantidades de iões interferentes na solução utilizada. As tolerâncias máximas dos catiões e ânions investigados que causam um erro relativo inferior a ±5 % são dadas no Quadro 1.3.

Quadro 1.3. Efeito de iões interferentes na recuperação dos iões da substância a analisar (N=3).

Ion	Conc. mg.L-1	Recuperação%
Na+	10000	97±1
K+	12000	98±2
Cl-	'0000	97±1
Mg2+	5500	98±2
Cu2+	20	97±3
Ni2+	25	99±3
Co2+	20	99±2
CO32-	4500	98±1
Fe3+	40	97±1
NO3 $^-$	4500	99±2
SO:".	4500	98±3
PO4".	4500	96±1
Zn2+	20	98±3
Ca'+	5000	98±1

1.3.3. Aplicação a amostras de água

Para estimar a aplicabilidade do método a amostras de água, o método desenvolvido foi aplicado para determinar a Pb em amostras de água do rio, águas subterrâneas, água da torneira e águas de esgotos. Como se pode observar na Tabela 1.4, foi implementada uma boa correlação entre os valores documentados e determinados. Assim, o sorvente GO-SEP pôde ser utilizado como extracção de fase sólida eficaz com excelentes resultados. O desvio adsorvente (RSD%) deste novo método, obtido para dez determinações de (c=0,5 pg.L^1, de 0,121). A comparação de uma característica analítica do método desenvolvido para a pré-concentração do chumbo foi resumida no

Quadro 5.

1.3.4. Números de mérito

O limite de detecção (LOD) do método apresentado para Pb foi determinado em condições óptimas após a aplicação do procedimento de pré-concentração a soluções em branco. Com base no triplo do desvio padrão de dez execuções da solução em branco, verificou-se que eram (0,1pg.L-1). O desvio padrão relativo (RSD%) deste novo método, obtido para dez determinações de (c=0,5 pg.L^{-1}, de 0,121). A comparação de uma característica analítica do método desenvolvido para a pré-concentração do chumbo foi resumida no Quadro
1 .5.

Quadro 1.4. Determinações de (Pb) em amostras de água N=3

Amostra	Adicio T-1 pg.L	Encontrad T-1 pg. ^{L}	Média concentração após extracção (Pg. $^{L-1}$)	Adsorvente capacidade ("gg)	Recuperação
Água do rio	-	0.920±0.1	0.034±0.1	296.321	-
	2.5	3.407±0.4	0.107±0.3	1103.67	99.48
	5.0	5.853±0.1	0.311±0.2	1853.51	98.66
Águas subterrâneas	-	0.125±0.3	0.000	41.8060	-
	2.5	2.632±0.2	0.070±0.4	856.856	100.28
	5.0	5.118±0.7	0.241±0.1	1631.10	99.86
Água da torneira	-	0.143±0.1	0.008±0.3	45.150	-
	2.5	2.621±0.5	0.284±0.2	781.605	99.12
	5.0	5.145±0.3	0.331±0.2	1610.03	100
Água de esgoto	-	1.208±0.1	0.048±0.4	387.959	-
	2.5	3.657±0.4	0.021±0.1	1216.05	97.96
	5.0	6.144±0.3	0.219±0.7	1981.60	98.72

Quadro 1.5. Comparação das características analíticas do método de pré-concentração para o chumbo em amostras de água N=3

Sistema/adsorvente	Técnica	pH	Eluente Mol. L-1	RSD%	LOD -1 gg. L
PHB-DEA	FAAS	5	HCl	3.1	0.8
Bacillus altitudinis imobilizados	ICP-OAS	6	1 HCl	2.3	0.034
nanodiamond anterior					
GO@Fe3O4 -MBT	FAAS	6	4 HCl	2.4	0.35
HNTs-PSA	ICP-OES	5	0,5 HCl	3.4	0.32
[NMIIM]Br-CNSs	FAAS	6	1 HCl	2.2	1.76
MnFe2O4-Takovite	FAAS	6.5	1 HNO3	3.0	0.67
GO- MCNTs-DETA	ICP-OES	4	2 HCl	<3.0	0.24
SPE com G. galactosidases sp. Nov imobilizadas em Amberlite XAD-4	ICP-OSE	6	1 HCl	2.8	0.07
MWCNTs - BTAO	FAAS	7	2 HNO3	<5.0	2.6
NiCo2O4 HMs tipo U	FAAS	4	2 HCl	2.4	5.9
GO-SEP	ICP-OES	8	2 HNO3 em acetona	<0.12	0.1

*GO: óxido de grafeno; PHB-DEA: amina de polihidroxibutirato de etanol; GO@Fe3O4-MBT: Óxido magnético de grafeno 2-mercaptobenzothiazole; HNTs-

PSA: halloysite nanotubes-N-2-Pyridylsuccinamicacid; DETA:

dietilenotriamina; APDC: ditiocarbamato de pirrolidina de amónio;

[NMIIM]Br-CNSs:1,8 naftaleno monoimida com sal de imidazólio -

IL(ion líquido) - esferas de nano carbono; BTAO: 2-(2-benzothiazolylazo) orcinol;

U-like-NiCo2O4-HMs: Microsferas de Urchin-likeNiCo2O4-hollow.

Conclusões

Através dos resultados das técnicas de caracterização, podemos concluir que houve uma correlação bastante considerável entre as medições de Raio X, SEM e distribuição granulométrica. A medição do raio X mostrou que o tamanho das partículas era de 33,90 nm, SEM era de 30-33 nm enquanto que o PSD era de 30 nm. Estas atribuições indicam a elevada pureza e uniformidade do GO-SEP e a sua ausência nas formas de agrupamento, apesar da utilização de um polímero. Relativamente ao SEP: Razão GO no nano-adsorvente, concluímos que a maior razão de reacção é aproximadamente 3: 1. Isto foi comprovado através de análise térmica e, por conseguinte, recomendamos a utilização desta razão ao preparar de novo este nano-adsorvente. Os resultados da extracção em fase sólida provaram que o SEP impregnado com BADTC é extremamente eficaz na extracção e remoção de iões de chumbo da água e também deu um factor de pré-concentração igual a 20, tornando assim possível aumentar a concentração do elemento, recolhendo-o de um grande volume e limitando-o ao pequeno volume, aumentando assim a sensibilidade e precisão dos métodos de medição. Os limites de detecção (LOD) (0,1 pg.L^{-1}) e o desvio padrão relativo (RSD%) foram encontrados inferiores a <0,12% (n=10, c=0,5pg.L-1)· Este novo método foi aplicado com sucesso para determinar o chumbo em quatro amostras de água.

Referências

1- M. Arthur, "Institute for Health Metrics and Evaluation" *Nursing Standard.*, **28**, pp.32, 2014.

2- Das, D., Gupta, U., & Das, A. K. (2012). Desenvolvimentos recentes na extracção de fase sólida em especiação elementar de amostras ambientais, com especial referência a soluções aquosas. *Tendências da TrAC em Química Analítica*, *38*, 163-171.

3- Malik, A. K., Kaur, V., & Verma, N. (2006). Uma revisão sobre a microextracção de fase sólida - Cromatografia líquida de alto desempenho como uma nova ferramenta para a análise de iões metálicos tóxicos. *Talanta*, *68(3)*, 842-849.

4- Mahmood, A. R., Abdallah, I. Q., Alheety, M. A., Akbas, H., & Karadag, A. (2019, Agosto). N, polímero de membrana de casca de ovo à base de óxido de grafieno rico em O: Preparação, caracterização e sua utilidade como nano sorbente para extracção de fase sólida de Pb (II) em várias amostras de água. *In AIP Conference Proceedings* v.2144, No. 1, p. 020003).

5- Han, Q., Wang, Z., Xia, J., Zhang, X., Wang, H., & Ding, M. (2014). Aplicação de grafeno para a limpeza SPE de resíduos de pesticidas organofosforados de sumos de maçã. *Journal of separation science*, *37*(1-2), 99-105.

6- Gao, X., Guo, H., Du, Y., & Gu, C. (2015). Determinação simultânea de xilazina e 2, 6-xilidina no sangue e urina por auto extracção em fase sólida e cromatografia líquida de ultra alto desempenho acoplada a espectrometria de massa em quadripolo de voo. *Journal of analytical toxicology*, *39*(6), 444-450.

7- Chen, M. L., Gu, C. B., Yang, T., Sun, Y., & Wang, J. H. (2013). Um sorbente verde de membrana de casca de ovo esterificado para absorção altamente selectiva de arsenato e especiação de arsénico inorgânico. *Talanta*, *116*, 688-694.

8- Zhang, Y., Wang, W., Li, L., Huang, Y., & Cao, J. (2010). Extracção de fase sólida à base de membrana de Eggshell combinada com espectrometria de fluorescência atómica de geração de hidretos para o vestígio de arsénico (V) em amostras de água ambiental. *Talanta*, *80(5)*, 1907-1912.

9- Fu, J., Wei, C., Wang, Wang, W., Wei, J. L., & Lv, J. (2015). Estudos de estrutura e propriedades do óxido de grafeno preparado por moagem de esferas. *Materials Research Innovations, 19*(sup1), S1-277.

10- Xie, Z., Yu, Z., Fan, W., Peng, G., & Qu, M. (2015). Efeitos dos grupos funcionais de óxido de grafieno no desempenho electroquímico das baterias de iões de lítio. *RSC Advances, 5*(109), 90041-90048.

11- Dreyer, D. R., Park, S., Bielawski, C. W., & Ruoff, R. S. (2010). A química do óxido de grafeno. *Chemical society reviews, 39(1),* 228-240.

12- Khaleel, A., Raoof, A., & Tuzen, M. (2018). Extracção de Fase Sólida Contendo Nanotubos de Carbono de Múltiplas Paredes e Membrana de Casca de Ovo como Adsorvente para Determinação ICP-OES de Pb (II) e Cd (II) em Várias Amostras de Água e Fruta Laranja (Casca e Polpa). *ESPECTROSCOPIA ATÓMICA, 39*(6), 235-241.

13- Yilmaz, E., & Soylak, M. (2014). Extracção de fase sólida de Cd, Pb, Ni, Cu, e Zn em amostras ambientais em nanotubos de carbono com múltiplas paredes. *Monitorização e avaliação ambiental, 186(9),* 5461-5468.

14- Gouda, A. A., & Al Ghannam, S. M. (2016). Nanotubos de carbono impregnados com múltiplas paredes como sorbente eficiente para a extracção de fase sólida de quantidades vestigiais de iões de metais pesados em amostras de alimentos e água. *Química alimentar, 202,* 409-416.

15- Chanthal, S., Suwamart, N., & Ruangviriyachai, C. (2011). Extracção em fase sólida com dietilditiocarbamato como agente quelante para pré-concentração e determinação de vestígios de cobre, ferro e chumbo em vinho de fruta e aguardente destilada por espectrometria de absorção atómica por chama. *Journal of Chemistry, 8*(3), 1280-1292.

16- Hummers Jr., W. S., & Offeman, R. E. (1958). Preparação de óxido de grafite. *Journal of the american chemical society, 80*(6), 1339-1339.

17- Yi, F., Guo, Z. X., Zhang, L. X., Yu, J., & Li, Q. (2004). Proteína solúvel da membrana da casca do ovo: preparação, caracterização e biocompatibilidade *Biomateriais, 25*(19), 4591-4599.

18- Gao, X., Jang, J., & Nagase, S. (2009). Hidrazina e redução térmica do óxido de grafeno: mecanismos de reacção, estruturas do produto e desenho da reacção. *The Journal of Physical Chemistry C, 114(2),* 832-842.

19- Park, S., An, J., Potts, J. R., Velamakanni, A., Murali, S., & Ruoff, R. S. (2011). Hidrazina-redução de grafite e óxido de grafite. *Carbono, 49*(9), 30193023.

20- Nethravathi, C., & Rajamathi, M. (2008). Folhas de grafeno quimicamente modificadas produzidas pela redução de dispersões coloidais de óxido de grafite por meio de solventes. *Carbono, 46*(14), 1994-1998.

21- Alheety, M. A., Al-Agha, A. H., & Abd, A. N. (2016). Adição de algumas aminas primárias e secundárias ao óxido de grafeno, e estudo do seu efeito no aumento das suas propriedades eléctricas. *Baghdad Science Journal, 13(1)*, 97-112.

22- Hong, X., Yu, W., & Chung, D. D. L. (2017). Permissividade eléctrica de óxido de grafite reduzido. *Carbono, 111*, 182-190.

23- Jebour, I. K., Mohammed, M. Y., & Alheety, M. A. (2016). Síntese e Caracterização de Complexos de Nano Dithiocarbamato Novel Derivados de GO- benzimidazole. *Diyala Journal For Pure Science, 12*(1), 108-121.

24- Tuzen, M., & Soylak, M. (2006). Especiação do crómio em amostras ambientais por extracção de fase sólida em Chromosorb 108. *Journal of Hazardous Materials, 129(1-3)*, 266-273.

25- Yuan, B., Bao, C., Song, L., Hong, N., Liew, K. M., & Hu, Y. (2014). Preparação de nanocomposto de óxido de grafieno/polipropileno funcionalizado com estabilidade térmica significativamente melhorada e estudos sobre o comportamento de cristalização e propriedades mecânicas. *Chemical Engineering Journal, 237*, 411-420.

26- Ji, Z., Zhu, G., Shen, X., Zhou, H., Wu, C., & Wang, M. (2012). Nanopartículas de liga de FePt com elevado desempenho electrocatalítico para a oxidação do metanol com óxido de grafieno reduzido. *New Journal of Chemistry, 36(9)*, 17741780.

27- Torres, F. G., Troncoso, O. P., & Montes, M. R. (2013). O efeito da temperatura sobre as propriedades mecânicas de uma rede de biopolímeros à base de proteínas. *Journal of thermal analysis and calorimetry, 111(3)*, 1921-1925.

28- Su, S., Chen, B., He, M., Hu, B., & Xiao, Z. (2014). Determinação de elementos de traço/ultratraça de terras raras em amostras ambientais por ICP-MS após extracção de fase sólida magnética com Fe3O4@ SiO2@ composto de óxido de polianilina-grafeno. *Talanta, 119*, 458-466.

29- Zhu, X., Wu, M., Sun, J., & Zhang, X. (2008). P-Cyclodextrin-cross-linked polymer as solid phase extraction material coupled graphite furnace atomic absorption spectrometry for separation/analysis of trace copper. *Cartas analíticas, 41(12)*, 2186-2202.

30- Jamshidi, M., Ghaedi, M., Mortazavi, K., Biareh, M. N., & Soylak, M. (2011). Determinação de alguns iões metálicos por chama - AAS após a sua pré-concentração usando dodecyl sulfato de sódio revestido de alumina modificada com 2-hydroxy-(3-((1-H-indol 3- yle) fenil) metil) 1-H-indol (2-HIYPMI). *Toxicologia alimentar e química, 49*(6), 1229-1234.

31- Ghaedi, M., Niknam, K., Zamani, S., Larki, H. A., Roosta, M., & Soylak, M. (2013). Sílica quimicamente ligada N-propyl kriptofix 21 e 22 com nanopartículas de paládio imobilizadas para extracção de fase sólida e pré-concentração de alguns iões metálicos. *Ciência e Engenharia de Materiais: C, 33*(6), 3180-3189.

32- Shirkhanloo, H., Rouhollahi, A., & Mousavi, H. Z. (2010). Preconcentração e Determinação da Quantidade de Níquel em Água e Amostras Biológicas por Microextracção Dispersiva Líquido-Líquida. *Journal of the Chinese Chemical Society, 57*(5A), 1035-1041.

33- Tuzen, M., Sahiner, S., & Hazer, B. (2016). Extracção de fase sólida de chumbo, cádmio e zinco em polímero biodegradável de polihidroxibutirato de dietanol amina (PHB- DEA) e sua determinação em amostras de água e alimentos. *Química alimentar, 210,* 115-120.

34- Ozdemir, S., Kilinc, E., Celik, K. S., Okumus, V., & Soylak, M. (2017). Pré-concentrações simultâneas de iões Co2+, Cr6+, Hg2+ e Pb2+ por Bacillus altitudinis nanodiamond imobilizados antes das suas determinações em amostras de alimentos pelo ICP-OES. *Química alimentar, 215,* 447-453.

35- Dahaghin, Z., Mousavi, H. Z., & Sajjadi, S. M. (2017). Quantidades vestigiais de iões Cd (II), Cu (II) e Pb (II) que monitorizam utilizando o nanocomposto de óxido de grafite Fe3O4@ modificado via 2-mercaptobenzothiazole como um novo e eficiente nanosorbent. *Journal of Molecular Liquids, 231,* 386-395.

36- Ele, Q., Yang, D., Deng, X., Wu, Q., Li, R., Zhai, Y., & Zhang, L. (2013). Preparação, caracterização e aplicação de N-2-Piridilsuccinâmica ácido - nanotubos funcionalizados de halóleos para extracção em fase sólida de Pb (II). *Investigação da água, 47*(12), 3976-3983.

37- Tokalioglu, §., Yavuz, E., Salunn H., Qolak, S. G., Ocakoglu, K., Kager, M., & Patat, §. (2016). Nanosferas de carbono revestidas com líquido iónico como novo adsorvente para extracção rápida de fase sólida de vestígios de cobre e chumbo da água do mar, águas residuais, pó de rua e amostras de especiarias. *Talanta, 159,* 222-230.

38- Kardar, Z. S., Beyki, M. H., & Shemirani, F. (2016). Takovite-aluminosilicato@ MnFe2O4 nanocomposto, um novo adsorvente magnético para a pré-concentração eficiente de iões de chumbo em amostras de alimentos. *Química alimentar, 209,* 241247.

39- Zhu, X., Cui, Y., Chang, X., & Wang, H. (2016). Extracção selectiva de fase sólida e análise de nível de traços Cr (III), Fe (III), Pb (II), e Mn (II) Iões em águas residuais usando nanotubos de carbono dietilenetriamina-funcionalizados dispersos em colóides de óxido de grafeno. *Talanta,* *146,* 358-363.

40- Ozdemir, S., Kiling, E., Okumus, V., Poli, A., Nicolaus, B., & Romano, I. (2016). Thermophilic Geobacillus galactosidasius sp. nov. carregado y-Fe2O3 nanopartículas magnéticas para as pré-concentrações de Pb e Cd. *Bioresource technology,* *201,* 269-275.

41- Yavuz, E., Tokalioglu, §., Sahan, H., Berberoglu, A., & Patat, §. (2017). Extracção de fase sólida de chumbo (II) sem vórtices/ agitação através da utilização de um adsorvente de microssfera oca $NiCo_{2}O_{4}$ semelhante a um ouriço. *Microchimica Acta,* *184(4),* 1191-1198

CAPÍTULO 2

Síntese, caracterização de MWCNTs-SEP para extracção de fase sólida melhorada de iões Pb(II) e Cd(II) utilizando BA-DTC

2.1. Introdução

Os elementos de transição e não-transição com uma densidade pelo menos cinco vezes superior à da água e um peso atómico elevado, como o cádmio (Cd) e o chumbo (Pb), são considerados metais pesados que são também muito tóxicos para o corpo humano e poluentes ambientais (1). Por conseguinte, a determinação precisa dos metais pesados a níveis vestigiais nos alimentos e na água é muito importante. As técnicas de extracção de fase sólida (SPE) têm sido utilizadas para ultrapassar os problemas de determinação de elementos a níveis baixos, porque aumenta a sensibilidade e selectividade das técnicas como ICP-OES, AAS, etc. Para SPE, foi proposta a utilização de sorbentes de tamanho nanométrico para extrair os elementos em grandes áreas de superfície (2-4). Além disso, foram utilizados materiais à escala nanométrica de carbono, tais como nanotubos de carbono (CNTs), óxido de grafeno, etc., em SPE mas estes materiais são muito caros (5-9). Por esta razão, foi investigado um novo biopolímero, como a membrana da casca do ovo, quer isoladamente quer misturado com nano-materiais (10-12). Alguns investigadores utilizaram agentes quelantes para aumentar a extracção dos iões metálicos após a formação de um macrocomponente (como complexo com o agente quelante) (13, 14).

Na presente investigação, foram oxidados tubos nano de carbono de paredes múltiplas (MWCNTs) a fim de adicionar muitos grupos funcionais (grupos carboxil) às superfícies que depois reagem facilmente com a proteína derivada da proteína da casca do ovo solúvel (SEP). O ácido barbitúrico (ditiocarbamato de ácido barbitúrico bis-sódico) (BADTC) foi utilizado como agente quelante para melhorar a extracção de cádmio e chumbo. Foi aplicado um método optimizado a cinco amostras de água e dez de fruta laranja (cinco cascas e cinco polpas) para a determinação ICP-OES de cádmio e chumbo.

2.2. Experimental
2.2.1. Reagentes e soluções

As soluções de stock padrão Pb(II) e Cd(II) (1000 mg/L) foram obtidas da Sigma-Aldrich Company, Reino Unido. Foi utilizada água desionizada para preparação de soluções utilizando o sistema Milli-Q®, 18,2 M0 cm-1 de condutividade (Millipore Corporation, EUA). Soluções tampão de KH2PO4-NaOH (pH3-8), NH4Q-NH3 (pH 9-11), e 0,02 mol L-1 HNO3 foram utilizadas para manter o pH a menos de 3 (Alfa-Aesar, EUA). Ácido sulfúrico, ácido tioglicólico, e ácido nítrico foram adquiridos de (HI-MEDIA, EUA). Os nanotubos de carbono com múltiplas paredes (MWCNTs, O.D. * L 7-15 nm * 0,5-10 pm) foram comprados de (Sigma-Aldrich, UK).

2.2.2. Preparação do nano-sorvente MWCNTs-SEP

Os MWCNTs foram oxidados pela primeira vez por refluxo de 1 g de MWCNT em 3:1 H2SO4: HNO3 a 75 ^{oC} durante 5 horas (13, 14). A mistura foi centrifugada a 8000 rpm e o sobrenadante seco, depois a solução SEP foi adicionada ao pó de MWCNTs oxidado filtrado, filtrado durante 2 horas, e refluxado durante 8 horas a 80 ^{oC}. O pó cinzento foi filtrado, lavado com água e etanol, e depois seco durante 24 horas a 80 ^{oC}.

2.2.3. Preparação da coluna

Um 0,3 g do nano-material preparado (MWCNTs-SEP) foi embalado numa coluna de vidro e tanto a extremidade superior como a inferior foram fechadas com lã de vidro. A coluna foi ligada a uma bomba com tubagem que formou o sistema de pré-concentração. Uma quantidade de 2 mol L-1 de solução aquosa de HNO3 e 10 mL de água desionizada foram passados através da coluna para a limpar, e depois foi condicionada ao pH requerido com solução tampão.

2.2.4. Procedimento de pré-concentração

Quantidades de 40-50 mL de soluções modelo contendo iões Pb(II) e Cd(II) foram tamponadas para pH 7 com solução tampão borato, depois adicionou-se 3,2,10-3 mol L-1 BADTC solução ligante para formação de quelato metálico e passou através da coluna MWCNTs- SEP ao caudal de 5 mL/min. Os iões analitos adsorvidos foram eluídos utilizando 2 mol L-1 HNO3 e a solução eluente contendo os iões Pb(II) e Cd(II) foi analisada por ICP-OES.

2.2.5. Aplicação a amostras de laranja (casca, polpa) e água

A coluna contendo nano-sorbentes foi utilizada para a pré-concentração e determinação de chumbo e cádmio em dez laranjas (casca ou polpa) e cinco amostras de água (água de poços, águas residuais, água da torneira, água potável, e água de rios) obtidas da cidade de Kirkuk, Iraque. A laranja inteira foi lavada com água desionizada. A casca e a polpa da laranja foram separadas, e secas num forno a 100 ^{oC} durante 48 horas, depois esmagadas e 1 g de cada parte da fruta laranja (casca ou polpa) foram acidificadas com HNO3 (65%) e aquecidas a 120 ^{oC} sob agitação constante durante 4 horas. Depois o resíduo foi colocado num agitador automático durante 1 hora, filtrado, e diluído até 50 mL de solução aquosa de HNO3 a 1%.

Diferentes amostras de água filtradas (em Fisherbrand™ Grau 601) papel filtrante. Depois foram utilizados 100 mL destas soluções para a determinação de concentrações totais de Pb(II) e Cd(II) de ICP-OES, utilizando as condições óptimas descritas anteriormente. ..

2. 3. Resultados e discussão

2.3.1. Caracterização de materiais preparados
2.3.1.1. Análise FTIR

O espectro FTIR de MWCNT-COOH é mostrado nas bandas de 3749 cm-1, 3477 cm-1, 1754 cm-1, 1649 cm-1, e 1510 cm-1. Estas bandas representam o grupo hidroxila livre, a vibração de alongamento OH do grupo carboxílico, a vibração de alongamento C=O no grupo carboxílico, bem como as vibrações de flexão do anião água e carboxilato, respectivamente (17-20).

O espectro FTIR do SEP é mostrado com 9 bandas principais (3292, 3072, 1658, 1546, e 1396 cm-1). Estas bandas podem ser atribuídas à vibração de alongamento de NH, C-H do anel aromático, amide (I), amide (II), e C-N, respectivamente. Os outros picos a 2962 e 2931 cm-1 são devidos à vibração de estiramento do C-H alifático. Enquanto as duas bandas a 2634 e 2546 cm-1 são atribuídas aos grupos de tiol que se formaram após o processo de dissolução com ácido tioglicólico.

O espectro FTIR de MWCNTs-SEP mostra todas as bandas características dos MWCNTs e SEP, mas a mudança do grupo carbonilo de MWCNTs-COOH de 1745 cm-1 para o número de onda inferior de 1713 cm-1 de MWCNTs-SEP. Além disso, o desaparecimento da banda NH a 3292 cm-1 de SEP e da banda OH a 3477 cm-1 de MWCNTs resulta na reacção de MWCNTs com SEP do carboxil de MWCNT e da amina do grupo amida em SEP.

2.3.I.2. Análise TGA/DTA e DSC

TG foi utilizado para determinar a quantidade de SEP a reagir com os MWCNT, comparando a perda de massa encontrada entre os MWCNTs e os MWCNTs-SEP durante o aquecimento (ver Figura 2.1). Após a funcionalização do SEP, a perda de massa começou a 80 °C, o que pode ser atribuído a 3,5% da evaporação da água. O aquecimento contínuo de 120 a 440 °C resultou numa decomposição de 74,0% do SEP. O grau de perda de massa gradual do MWCNTs-SEP era esperado em cerca de 74,0%. Enquanto os MWCNTs mostram uma decomposição de uma só etapa a 637 °C e oxidam totalmente cerca de 700 °C (22), portanto a quantidade de MWCNTs não excede 22,5%.

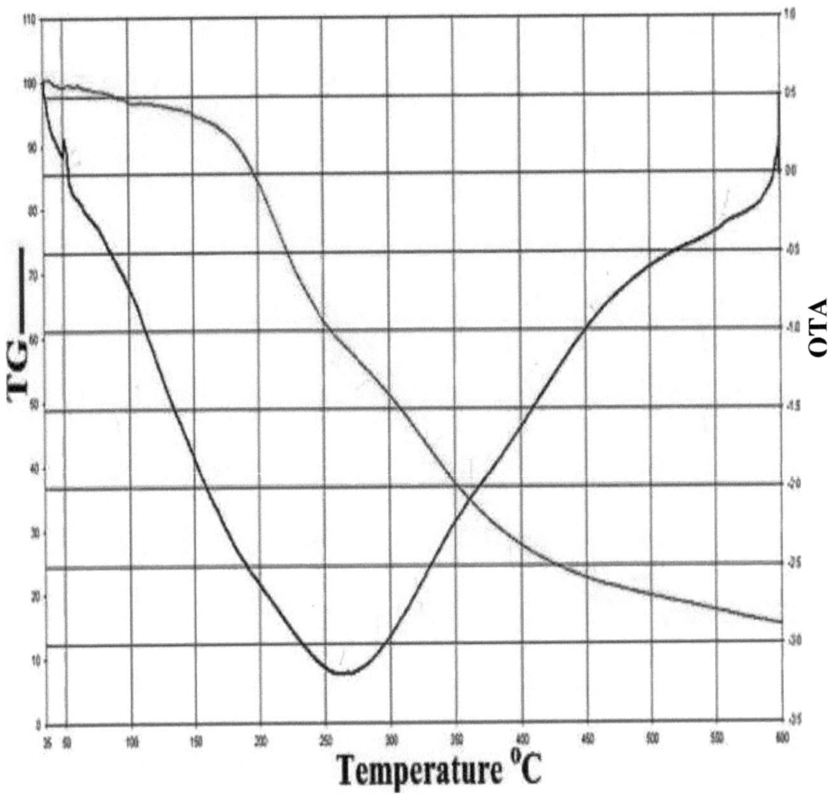

Figura 2.1. Termograma TG/DTA de MWCNTs-SEP

O termograma DSC para MWCNTs-SEP mostrou três picos principais: 168,6 ^{o}C, 218,7 ^{o}C, e 433,0 ^{o}C (Figura 2.2). O pico observado em 218,7 ^{o}C foi muito maior do que nas outras temperaturas. Este pico largo devido ao fluxo de calor exigia a desnaturalização dos aminoácidos no SEP.

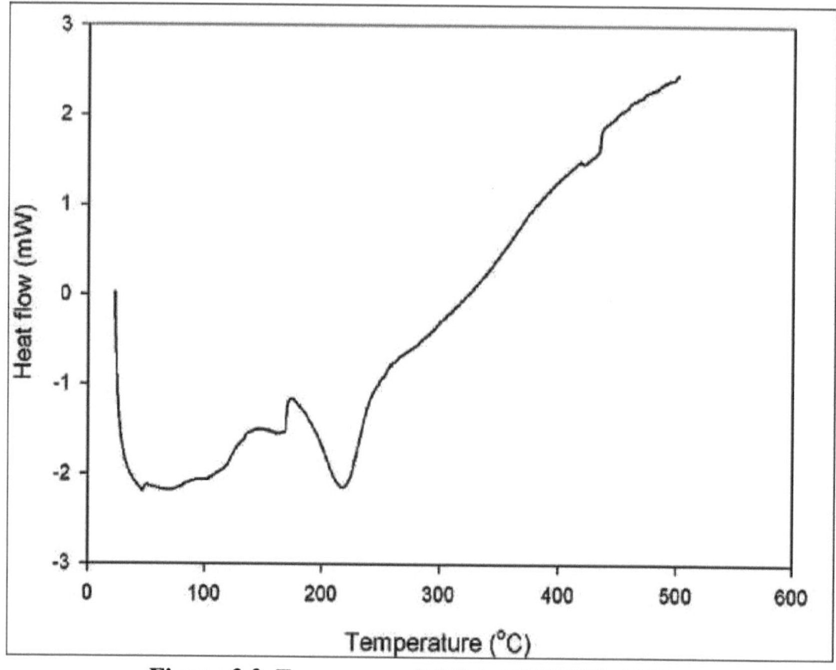

Figura 2.2. Termograma DSC de MWCNTs-SEP

2.3.I.3. Análises XRD

A proteína da membrana da casca do ovo é material amorfo e, portanto, nenhum pico pôde ser detectado pela análise de XRD. Os picos que apareceram são atribuídos às impurezas de cálcio na casca do ovo.

MWCNT-COOH mostra dois picos amplos característicos a 20 =26,10 e 20= 430 (23). Após reacção com o SEP, o primeiro pico deslocou-se para valores mais baixos a 20= 25,890, enquanto o segundo pico deslocou-se para valores mais altos a 20= 44,250 (Figura 2.3). Isto indica que o MWCNT-COOH foi enxertado com sucesso no SEP. O padrão XRD do MWCNT-SEP foi utilizado para calcular o tamanho cristalino estimado pela equação de Debye-Scherer:

d = K k/p cos 0

onde k é o comprimento de onda do raio X (0,1540 nm), K é uma constante relacionada com a forma cristalina maioritariamente igual a 0,9, p é a largura do pico de difracção com metade da altura máxima FWHM resultante do tamanho pequeno do cristalito nos radianos.

A partir da equação de Debye-Scherer para os quatro picos característicos de MWCNTs- SEP listados na Tabela I, verificou-se que o tamanho cristalino médio era de 26,72 nm. Este aumento do tamanho das MWCNTs de aproximadamente 10 para 26,72 nm prova que as MWCNTs enxertaram com sucesso com o SEP.

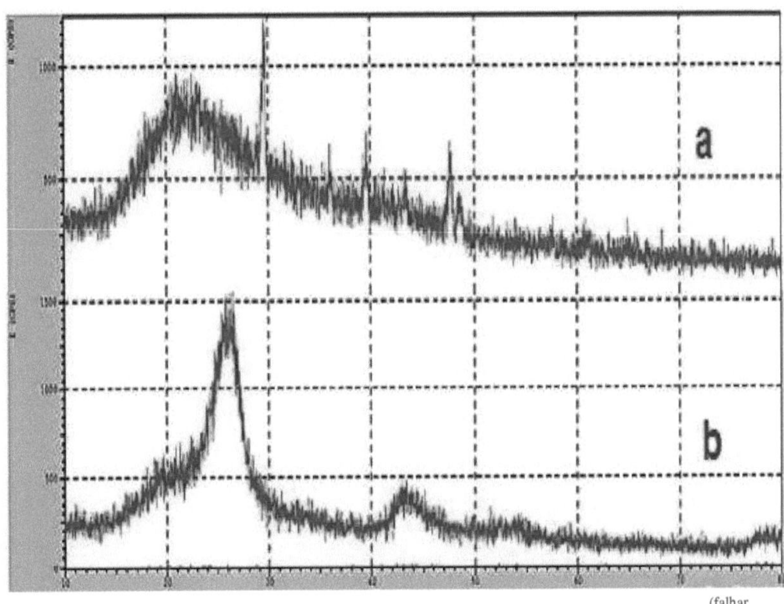

Figura 2.3. XRD de (a) ESM, (b) MWCNTs-SEP na gama de 20 graus de 10-80 graus.

Quadro 2.1. XRD Equação de Debye-Scherrer para os Quatro Picos Característicos de
MWCNTs-SEP

Posição de Pico 20 (deg.)	FWHM (deg.)	Dp (nm)
25.8994	2.72	3.13
19.3149	0.86	9.79
44.2512	1.08	8.30
28.7550	0.10	85.72

2.3. Resultados e Discussão

2.3.1. Estudo das condições óptimas

2.3.1.1. Efeito do pH

As recuperações quantitativas de Pb(II) e Cd(II) no processo SPE dependem de muitas condições, sendo a mais importante o pH (24, 25). Assim, foi examinado o efeito do pH que varia de 2 a 11 no SPE de Pb(II) e Cd(II) utilizando o novo sorbente (ver Figura 2.4). A recuperação quantitativa para Pb(II) foi de 98% e 96% para Cd(II). Assim, para todas as experiências subsequentes, o pH 7 foi realizado utilizando uma solução tampão de borato.

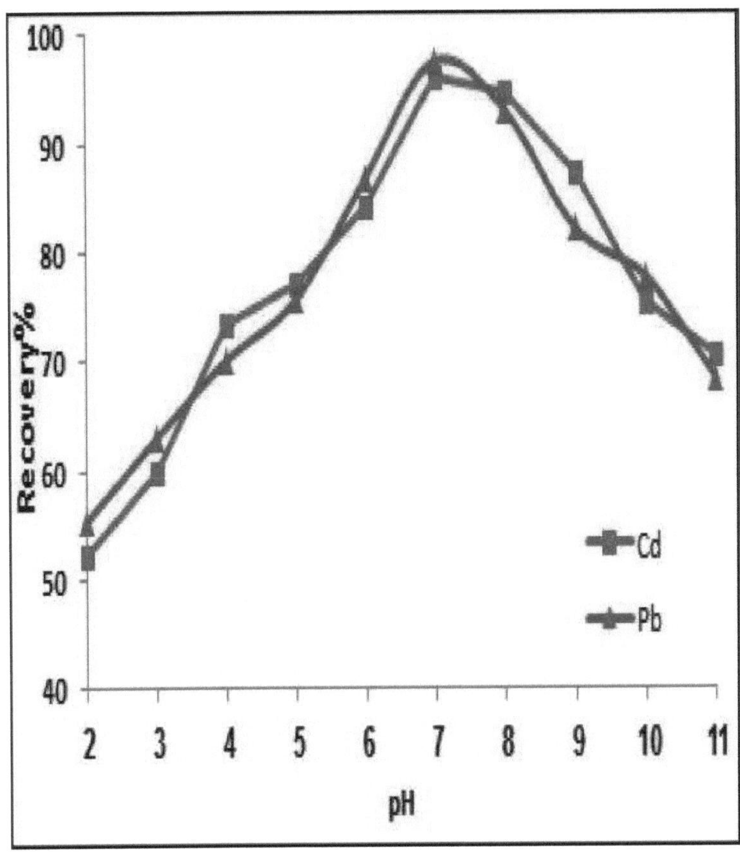

Figura 2.4. O efeito do pH na recuperação dos analitos (N=3).

2.3.I.2. Efeito das taxas de fluxo

As taxas de fluxo de amostras e eluentes são muito importantes para a recuperação quantitativa dos analitos e foram examinadas na gama de 0,5-5 mL/min da coluna MWCNTs-SEP. Os caudais óptimos de amostra e eluente tanto para Cd(II) como para Pb(II) foram encontrados em 5 mL/min. As recuperações quantitativas baseadas nos caudais de eluente foram de 96% para Pb(II) e 95% para Cd(II), mas as recuperações com os caudais de amostra foram de 97% para Pb(II) e 98% para Cd(II)).

2.3.I.3. Efeito de diferentes eluentes e suas concentrações

A dessorção de Pb(II) e Cd(II) da coluna MWCNTs-SEP foi estudada utilizando três tipos diferentes de soluções eluentes: HNO3, HCl, e HNO3 em acetona. A maior recuperação dos iões de analito foi encontrada com 2 mol L-1 HNO3 para Cd(II) e Pb(II). O volume da solução eluente é também muito importante para a obtenção de um elevado factor de pré-concentração. Para este estudo, a concentração mínima de eluente foi encontrada com 4 mL 2 mol L-1 HNO3 tanto para Cd(II) como para Pb(II)

2.3.1.4. Efeito do volume da amostra

Uma vez que o volume da amostra afecta a recuperação de Pb(II) e Cd(II), este parâmetro foi examinado no intervalo de 5-100 mL com taxas de fluxo a 5 mL/min. O volume óptimo da amostra foi registado em 100 mL tanto para Cd(II) como para Pb(II) e foi seleccionado para trabalhos futuros. As recuperações quantitativas registadas foram de 95% para Pb(II) e 96% para Cd(II). O factor de pré-concentração, definido como a razão entre o volume mais elevado da amostra (100 mL) e o volume mínimo eluente (4 mL 2 mol L-1 HNO3), foi calculado como 25.

2.3.1.5. Efeito da concentração do agente quelante

O BADTC foi utilizado como agente quelante para a optimização do processo SPE de Pb(II) e Cd(II). Este agente quelante desempenha um papel principal na extracção e recuperação dos iões analitos estudados e deve-se à presença de muitos grupos funcionais que são capazes de coordenar o chumbo e os iões de cádmio. O BADTC (0-0,008 mol L-1) foi adicionado a uma solução modelo contendo Pb(II) e Cd(II) para a formação de quelato metálico, passando depois através da coluna. Os resultados mostram que foram obtidas recuperações quantitativas com 3,2,10-3 mol L-1 BADTC tanto para Pb(II) como para Cd(II).

2.3.I.6. Efeito de iões interferentes

Este parâmetro foi examinado adicionando diferentes concentrações de iões interferentes, porque pode diminuir ou aumentar a recuperação de Pb(II) ou Cd(II). Os resultados mostram que a tolerância máxima dos cátions e ânions estudados causa um erro relativo não superior a 5% (ver Quadro 2.2). Os limites de tolerância dos iões de matriz foram muito elevados, o que mostra que o presente método pode ser aplicado a meios de matriz complexos e altamente salinos.

Ion	Conc. (mg L^{-1})	Recuperação%	
		Pb(II)	Cd(II)
Na+	10000	96±1	97±1
K+	13000	96±2	98±3
Cl⁻	20000	97±1	98±1
Mg2+	5000	96±4	96±1
Cu2+	20	98±3	68±3
Ni2+	25	98±3	96±2
Co2+	20	97±2	96±3
CO32	4500	98±1	98±1
Fe3+	40	96±4	98±2
NO3⁻	4500	95±2	98±3
SO42	4500	98±3	97±1
PO43⁻.	4500	96±1	96±3
Zn2+	20	98±3	95±2
Ca2+	5000	99±4	96±3

(N=3)

2.3.2. Números analíticos de mérito

O limite de detecção da actual coluna MWCNTs-SEP para o processo SPE de Pb(II) e Cd(II) foi realizado nas condições óptimas após a aplicação do procedimento a uma solução em branco. Com base no triplo do desvio padrão de 10 execuções da solução em branco de reagente, verificou-se que eram de 0,10 pg L-^{1} e 0,073 pg L-1 para Pb(II) e Cd(II), respectivamente. O desvio padrão relativo (RSD %) deste estudo foi de 1,2% para Pb(II) e 1,0% para Cd(II) e o factor de pré-concentração foi de 25. A precisão do actual método SPE foi confirmada com o método da adição padrão.

2.3.3. Aplicação a várias amostras de água e de fruta laranja (casca e polpa)

O actual método MWCNTs-SEP coluna/SPE foi aplicado a várias amostras de água utilizando o método de adição padrão (ver Tabela 2.3). Foram encontrados valores quantitativos de recuperação nas amostras para Pb(II) e Cd(II). A coluna MWCNTs-SEP utilizando o método SPE foi também aplicada a dez amostras de laranjas (cinco cascas e cinco polpas). Os resultados na Tabela 2.4 mostram que o sorvente MWCNTs-SEP pode ser utilizado como método eficaz de extracção de fase sólida (SPE). A comparação do método actual com os valores da literatura é apresentada na Tabela 2.5.

Quadro 2.3. Determinações de Pb(II) e Cd(II) em Amostras de Água após Aplicação

- — s. *

do Método Presente (N=3)

Analisar	Pb(II)			Cd(II)		
	Adicionado (pg L^{-1})	Encontrado (pg L^{-1})	Recuperação%	Adicionado (pg L^{-1})	Encontrado (pg L^{-1})	Recuperação%
	-	BDL		-	BDL	
Água do poço	10	9.9±2.3	99	1.0	0.98±0.21	98
	50	49.5±1.4	99	3.0	2.98±0.23	99
	-	BDL		-	BDL	
Água potável	10	10.1±1.1	101	1.0	0.98±0.06	98
	20	19.6±2.1	98	3.0	3.04±0.20	101
	-	BDL		-	BDL	
Água do rio	10	9.7±3.2	97	5.0	4.99±0.01	99
	20	19.8±2.3	99	10	10.0±0.1	100

		BDL			BDL	
Água da	10	10.1±1.3	101	5.0	4.93±1.01	98
	20	19.5±2.0	97	10	9.72±0.24	97
	-	BDL		-	BDL	
Águas residuais	10	10.2±3.0	102	5.0	5.01±2.31	100
	20	19.7±2.3	98	10	10.1±0.40	101

N=3, Média ± S.D, BDL: abaixo do limite de detecção.

Quadro 2.4. Determinações de Pb(II) e Cd(II) em Laranja (casca e polpa) Amostras após Aplicação do Método Presente (N=3)*.

Amostras	Pb(II)			Cd(II)		
	Adicionado (pg g-1)	Encontrado (pg g-1)	Recuperação%	Adicionada (pg g-1)	Encontrada (pg g-1)	Recuperação%
AA	-	BDL		-	BDL	
	1.0	0.98±0.23	98	0.5	0.50±1.13	97
	2.0	1.95±0.31	97	1.0	1.01±1.01	101
aa	-	BDL		-	BDL	
	1.0	0.99±0.11	99	0.5	0.48±0.31	96
	2.0	2.03±0.22	101	1.0	0.98±0.21	98
BB	-	BDL		-	BDL	
	1.0	0.98±1. 3	98	0.5	0.51±2.21	100
	2.0	1.98±2.03	99	1.0	1.00±0.41	100

bb	-	BDL		-	BDL	
	1.0	0.96±2.2	96	0.5	0.48±0.21	96
	2.0	1.97±0.3	98	1.0	0.97±0.04	97
CC	-	BDL		-	BDL	
	1.0	0.99±0.41	99	0.5	0.50±1.01	100
	2.0	1.99±1.03	99	1.0	0.98±0.11	98
cc	-	BDL		-	BDL	
	1.0	0.96±1.1	96	0.5	0.49±0.05	98
	2.0	1.98±0.02	99	1.0	1.02±0.21	102
DD	-	BDL		-	BDL	
	1.0	1.02±2.03	102	0.5	0.48±0.04	96
	2.0	2.06±0.15	103	1.0	0.99±0.12	99
dd	-	BDL		-	BDL	
	1.0	1.01±1.03	101	0.5	0.50±2.3	100
	2.0	1.99±0.43	99	1.0	0.99±1.3	99
EE	-	BDL		-	BDL	

	1.0	0.97±2.02	97	0.5	0.48±0.41	96
	2.0	1.99±0.21	99	1.0	0.96±2.31	96
ee-		BDL		-	BDL	
	1.0	1.00±2.03	100	0.5	0.50±0.15	100
	2.0	1.98±1.21	99	1.0	0.99±2.04	99

N=3, Mean±S.D, BDL: abaixo do limite de detecção, AA,BB,CC,DD,EE letras/Peel enquanto aa,bb,cc,dd,ee letras/Polpa.

Quadro 2.5. Dados comparativos de alguns estudos recentes utilizando MWCNTs como extractor de fase sólida.

System	Techn.	RSD%		LOD (pg mL⁻¹)		Matriz
		Pb	Cd	Pb	Cd	
GO-MCNTs-DETA	ICP-OSE	3.0		0.24		Águas residuais
MWCNTs/APDC	FAAS	<5		0.45	0.6	Alimentação e ambiente
MWCNTs	ICP-AEA	1.9	1.63	2.1	0.3	Pele
MWCNTs-BTAO	FAAS		5.0	2.6	0.7	Vários alimentos e água
MWCNTs-Fe3O4	ICP-AES	1.23	0.92	0.6	0.3	Água, Leite, Arroz indiano
MWCNTs-Tartrazina	FAAS	-		6.6	0.8	Alimentação e água natural
[NMIIM]Br-CSs	FAAS	3.2		1.76-		Resíduos e águas do mar pó de rua e especiarias
MWCNTs- SEP	ICP-OES	1.2	1.0	0.10	0.073	Água e laranja

*GO: óxido de grafieno; DETA: dietilenotriamina; APDC: ditiocarbamato de pirrolidina de amónio; [NMIIM]Br-CSs: 1,8-naftaleno contendo sal de imidazólio ([NMIIM]Br) e esferas de nano de carbono revestidas com IL(ion líquido).

2.3.4. Investigação da capacidade de extracção do nano-adsorvente preparado (GO- SEP ou MWCNTs-SEP) em função da sua estrutura proposta

Com base nos resultados da caracterização e nos grupos funcionais dos materiais utilizados, podemos facilmente demonstrar a possibilidade de interacção entre os grupos -COOH e/ou -NH2 no SEP com os grupos hidroxil e carboxil em GO ou MWCNTs-COOH. Esta distribuição tem sido demonstrada nos espectros IR. Este tipo de reacção foi previamente investigado e demonstrado na literatura anteriormente publicada. Relativamente ao agente quelante utilizado para melhorar o processo de extracção, propomos uma fraca ligação electrostática com o SEP. Após a adição de chumbo, esta ligação tornar-se-á mais forte, uma vez que uma ligação ligará o chumbo e os iões ligand, por um lado, e os iões de chumbo e nano-adsorventes, por outro. A partir da observação profunda do Esquema 1, podemos demonstrar que o chumbo ou o cádmio podem ser coordenados de diferentes maneiras através de (I) *ligações covalentes* com (1) grupos carboxílicos e hidroxílicos de GO não reagentes, MWCNTs ou (2) grupos carboxílicos ou aminas terminados de SEP, bem como com (3) átomo de enxofre do grupo C-S em BADTC e através de (II) *ligação coordenada-covalente* através de (1) pares de átomos de oxigénio em GO, MWCNTs e/ou (2) átomos de oxigénio e/ou enxofre de C=S em BADTC. Assim como a possibilidade de *retenção nas superfícies de GO*, MWCNTs.

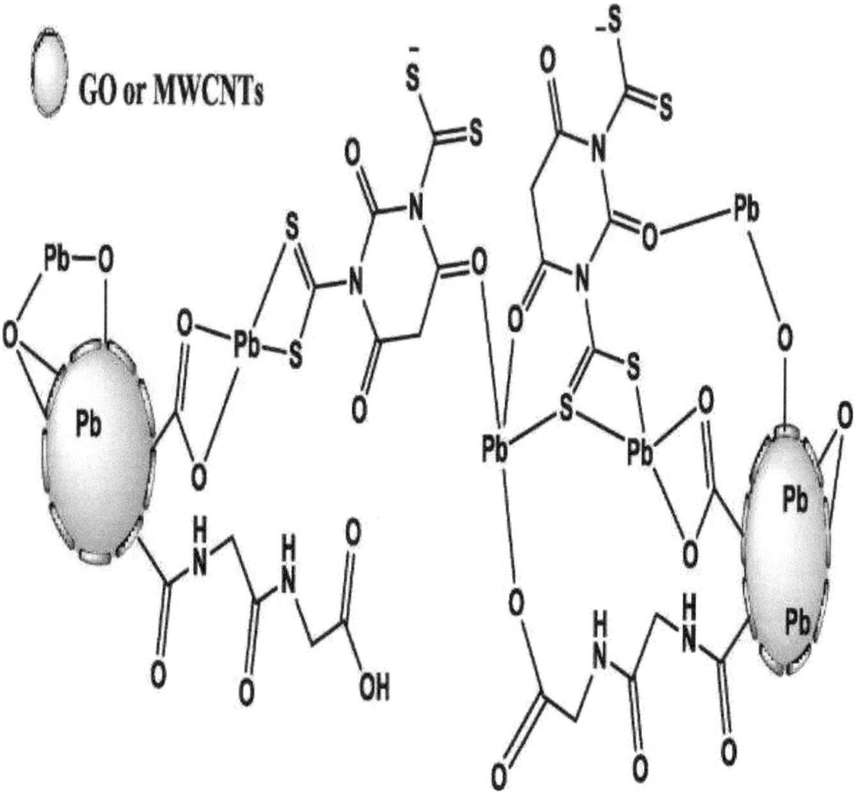

Esquema 2.1. Estrutura proposta do GO-SEP

Conclusão

Os nanotubos de carbono de paredes múltiplas (MWCNTs) funcionalizados com bio-polímero de membrana de casca de ovo solúvel (SEP) foram preparados como um novo adsorvente para extracção de fase sólida e determinação ICP-OES de Pb(II) e Cd(II). Este material foi caracterizado por FTIR, TG-DTA, DSC, e XRD. Também foi preparado um novo agente quelante ditiocarbamato derivado do ácido barbitúrico e caracterizado por FTIR, 1HNMR, e análise elementar. Foram investigados vários factores que influenciam a pré-concentração de iões de chumbo e cádmio, tais como pH, taxas de fluxo de amostras e eluentes, concentração e tipo de eluentes, volume de volume de amostras, concentração do agente quelante e iões interferentes. Os resultados mostram que o MWCNTs-SEP é um material de adsorção muito promissor para a determinação de Pb(II) e Cd(II na presença de um dos ligandos de ditiocarbamato (BADTC). Os valores LOD (0,10 pg L-1, 0,073 pg L-1) e RSD % (1,2, 1,0) para os iões Pb(II) e Cd(II) respectivamente, que são inferiores aos valores da literatura (ver Tabela 2.5). Foram encontrados valores de 0,10 pg L-1 e 0,073 gg L-1 para Pb(II) e Cd(II), respectivamente. O desvio padrão relativo (RSD %) deste estudo foi de 1,2% para Pb(II) e 1,0% para Cd(II), respectivamente.

Referências

1- Tuzen, M., Sesli, E., & Soylak, M. (2007). Níveis de elementos vestigiais de espécies de cogumelos da região oriental do Mar Negro da Turquia. *Food Control, 18(7)*, 806-810.

2- Bilandzic, N., Dokic, M., Sedak, M., Varenina, I., Kolanovic, B. S., Koncurat, A.,& Rudan, N. (2012). Conteúdo de cinco oligoelementos em diferentes tipos de mel do condado de Koprivnica-Krievci. *Investigação Veterinária Eslovena, 49(4)*, 167-175.

3- E.M. Thurman e M.S. Mills, extracção em fase sólida: Principles and practice J.D. Winefordner (Ed.), Chemical Analysis, 147. John Wiley and Sons Inc., N.Y., USA (1998)

5- YALC1NKAYA, O., Kalfa, O. M., & Turker, A. R. (2010). Método de extracção de fase sólida sem agente quelante (CAF-SPE) para a separação e/ou pré-concentração de iões de ferro (III). *Turkish Journal of Chemistry, 34*(2), 207-218.

6- Rahimi, M., & Noroozian, E. (2014). Fritas revestidas com copolímero condutor nano-estruturado para extracção em fase sólida de hidrocarbonetos aromáticos policíclicos em amostras de água e análise cromatográfica líquida. *Talanta, 123*, 224-232.

7- Alothman, Z. A., Unsal, Y. E., Habila, M., Tuzen, M., & Soylak, M. (2015). Um procedimento de filtração por membrana para o enriquecimento, separação e determinação espectroscópica de absorção atómica por chama de alguns metais em amostras de água, cabelo, urina e peixe. *Dessalinização e tratamento de água, 55*(13), 3457-3465.

8- Amin, A. S., & Gouda, A. A. (2012). Utilidade da espectrofotometria de fase sólida para a determinação modificada de quantidades vestigiais de cádmio em amostras de alimentos. *Química alimentar, 132(1)*, 518-524.

9- Gouda, A. A. (2014). Extracção em fase sólida utilizando nanotubos de carbono com múltiplas paredes e quinalizarina para pré-concentração e determinação de quantidades vestigiais de alguns metais pesados em alimentos, água e amostras ambientais. *International Journal of Environmental Analytical Chemistry, 94*(12), 1210-1222.

10- Mendil, D., Karatas, M., & Tuzen, M. (2015). Separação e pré-concentração de iões Cu (II), Pb (II), Zn (II), Fe (III) e Cr (III) com método de coprecipitação sem elemento portador e a sua determinação em amostras de alimentos e água. *Química alimentar, 177*, 320-324.

11- Wang, M., Meng, G., Huang, Q., Tang, H., Li, Z., & Zhang, Z. (2015). CNT - membrana de casca de ovo ancorada decorada com Ag-NPs como substratos SERS baratos mas eficazes. *Science China Materials, 58(3)*, 198-203.

12- Wang, S., Wei, M., & Huang, Y. (2013). Biosorção de iões de metais pesados tóxicos múltiplos a partir de água aquosa sobre resíduos alimentares membrana de casca de ovo funcionalizada com tioglicolato de amónio. *Journal of agricultural and food chemistry, 61*(21), 4988-4996.

13- Balaz, M. (2014). Eggshell membrane biomaterial como plataforma para aplicações na ciência dos materiais. *Acta biomaterialia, 10(9)*, 3827-3843.

14- Gouda, A. A., & Al Ghannam, S. M. (2016). Nanotubos de carbono impregnados com múltiplas paredes como sorbente eficiente para a extracção de fase sólida de quantidades vestigiais de iões de metais pesados em amostras de alimentos e água. *Química alimentar, 202*, 409-416.

15- Zhang, Y., Wang, W., Li, L., Huang, Y., & Cao, J. (2010). Extracção de fase sólida à base de membrana de Eggshell combinada com espectrometria de fluorescência atómica de geração de hidretos para o vestígio de arsénico (V) em amostras de água ambiental. *Talanta, 80(5)*, 1907-1912.

16- Abuilaiwi, F. A., Laoui, T., Al-Harthi, M., & Atieh, M. A. (2010). Modificação e funcionalização do nanotubo de carbono multiparede (MWCNT) através da esterificação de fischer. *The Arabian Journal for Science and Engineering, 55*(1), 37-48.

17- Balasubramanian, K., Burghard, M., Kern, K., Scolari, M., & Mews, A. (2005). Fotocópia actual de barreiras de transporte de carga em dispositivos de nanotubos de carbono. *Nano Letters, 5*(3), 507-510.

18- Mishra, S. K., Tripathi, S. N., Choudhary, V., & Gupta, B. D. (2015). Sensor de gás metano de fibra óptica à base de ressonância plasmónica superficial utilizando nanotubos de grafite-carboneto-poly (metacrilato de metilo) nanocomposto híbrido. *Plasmónica, 10(5)*, 1147-1157.

19- Gupta, V. K., Moradi, O., Tyagi, I., Agarwal, S., Sadegh, H., Shahryari-Ghoshekandi, R.& Garshasbi, A. (2016). Estudo sobre a remoção de iões de metais pesados dos resíduos industriais por nanotubos de carbono: efeito da modificação da superfície: uma revisão. *Critical Reviews in Environmental Science and Technology, 46(2)*, 93118.

20- Zhao, Y. H., & Chi, Y. J. (2009). Caracterização do colagénio a partir da membrana da casca do ovo. *Biotecnologia, 8(2)*, 254-258.

21- Lonkar, S. P., Kushwaha, O. S., Leuteritz, A., Heinrich, G., & Singh, R. P. (2012). Nanocompósitos autoestabilizantes MWCNT/polímero autoestabilizáveis. *RSC Advances, 2(32)*, 12255-12262.

22- ALOthman, Z. A., Habila, M., Yilmaz, E., & Soylak, M. (2012). Extracção de fase sólida de Cd (II), Pb (II), Zn (II) e Ni (II) a partir de amostras de alimentos utilizando nanotubos de carbono multiparede impregnados com resorcinol 4-(2-thiazolylazo). *Microchimica Acta, 177*(3-4), 397-403.

23- Ghaedi, M., Montazerozohori, M., Rahimi, N., & Biysreh, M. N. (2013). Nanotubos de carbono quimicamente modificados como sorbente eficiente e selectivo para enriquecimento de quantidade vestigiais de alguns iões metálicos. *Journal of Industrial and Engineering Chemistry, 19*(5), 1477-1482.

24- Cheng, Y., Zhang, X., Li, Z., Jiao, X., Wang, Y., & Zhang, Y. (2009). Determinação altamente sensível do microRNA utilizando amplificação do círculo rolante de alvo e ramificado. *Angewandte Chemie International Edition, 48(18)*, 32683272.

25- Tuzen, M., Uluozlu, O. D., Karaman, I., & Soylak, M. (2009). Mercúrio (II) e especiação de metilmercúrio em Streptococcus pyogenes carregados Dowex Optipore SD-2. *Diário de materiais perigosos, 169(1-3)*, 345-350.

26- Azimi, S., & Es'haghi, Z. (2017). Um procedimento de extracção de fase sólida à base de nanopartículas magnetizadas seguido por espectrometria de emissão atómica de plasma acoplado indutivamente para determinar arsénio, chumbo e cádmio na água, leite, arroz indiano e chá vermelho. *Boletim de contaminação ambiental e toxicologia, 98(6)*, 830836.

27- Soylak, M., & Topalak, Z. (2014). Nanotubo de carbono com múltiplas paredes impregnado de tartrazina: Extractor de fase sólida para Cd (II) e Pb (II). *Journal of Industrial and Engineering Chemistry, 20(2)*, 581-585.

CAPÍTULO 3

Síntese, caracterização de G-SEP para extracção de fase sólida de Pb, Cd, Cu, Zn, Co iões utilizando BA-DTC

3.1. Introdução

Durante os últimos vinte anos, tem havido um interesse crescente na contaminação ambiental por metais pesados devido ao facto de alguns serem essenciais para a manutenção do crescimento e desenvolvimento normais, enquanto outros são tóxicos. Os elementos de transição e não-transição com uma densidade elevada pelo menos cinco vezes superior à da água que têm um peso atómico elevado, como o cádmio e o chumbo, são considerados como metais pesados que são tóxicos muito poluentes para o ambiente. Cd, Pb, Zn, Cu e Co são muito nocivos e têm propriedades tóxicas elevadas devido à presença de muitos factores que adicionam estes metais com uma baixa taxa de diminuição. Mesmo ao nível dos vestígios, os metais de transição são problemas para o ambiente. Os metais pesados são contaminantes ambientais tenazes, tendo um elevado factor de melhoramento e uma lenta taxa de eliminação. Os metais pesados como (Pb, Cd, Cu, Zn, Co) são considerados tóxicos para o ser humano e podem causar doenças potencialmente fatais, como o cancro.

Os metais pesados receberam também uma atenção especial porque não são biodegradáveis no ciclo bioquímico e por isso podem entrar na cadeia alimentar através da absorção de vegetais ou da poluição da água doce. Recentemente foi reconhecida a relação entre a acumulação de metais pesados em homens e a incidência de doenças. Os solos foram considerados a principal fonte de contaminação para o ambiente. Determinações precisas e precisas de iões de metais vestigiais nos alimentos, água e amostras ambientais são áreas muito importantes na química analítica e ambiental, utilizando técnicas modernas.

Embora as sensibilidades mais elevadas que poderiam ser alcançadas por estes aparelhos, estas técnicas são bastante dispendiosas e têm certas fronteiras relacionadas com a matriz complexa e o nível inferior dos analitos nos limites de detecção destas técnicas. As técnicas de extracção de fase sólida (SPE) são muito significativas para ultrapassar os problemas na determinação de metais pesados a níveis vestigiais porque aumentam a sensibilidade e selectividade do ICP-OES, AAS e outras técnicas, e a determinação de metais vestigiais inclui a extracção de fase sólida* extracção de pontos de nuvem, co-precipitação, extracção líquido-líquido e filtração por membranas.

Os sorbentes de tamanho nano ou nano compósitos são considerados muito interessantes para utilização como sorbente em extracção de fase sólida SPE devido à elevada área de superfície. Configurações de nano compostos de carbono, tais como (nanotubos de carbono, óxido de grafeno, grafeno, etc.) têm sido utilizadas em SPE, mas estes materiais são caros, pelo que se tornou necessário misturá-los com materiais baratos para superar este problema. Um destes materiais baratos é a membrana da casca do ovo. Recentemente, este biopolímero é utilizado como material sorvente apenas em (SPE) ou misturado com nano materiais, tais como nano folhas de grafeno.

Muitos estudos que utilizaram grafeno como adsorvente de SPE e usaram agente quelante para aumentar a extracção de iões metálicos após a formação do composto macro (como complexo com o agente quelante).

No presente estudo o grafeno foi tratado com a proteína derivada da proteína da membrana da casca do ovo solúvel. Depois foi utilizada como adsorvente que preenchia numa pequena coluna como extracção de fase sólida para melhorar a extracção, determinação e pré-concentração dos metais pesados estudados. O método optimizado foi aplicado a amostras de água, alimentos, solo, óleo cru e óleo combustível para a determinação de cádmio, chumbo, cobre, zinco e cobalto, utilizando a técnica ICP-OES.

3.2. Experimental

3.2.1. Aparelhagem

Os iões Pb, Cd, Zn, Cu e Co foram determinados utilizando a Espectrometria de Emissão de Plasma de Acoplamento Indutivo (ICP-OES). O Thermo Scientific™ iCAP™ 7000 Series ICP-OES, Cambridge, UK) foi utilizado para a determinação dos analistas. As condições óptimas de operação para ICP-OES estão resumidas na Tabela 1.

Quadro 1. Parâmetros de condições de funcionamento para ICP-OES

Potência do gerador de RF	1.150 W
Caudal de gás refrigerante	12 l.min-1
Gás auxiliar	0.5 l.min-1
Taxa de bombeamento	50 rpm
Fluxo de gás nebulizador	0.5 l.min-1
Pressão do gás nebulizador	230 kPa
Tempo de lavagem	20 s
Vista Plasma	Axial
Número de medições	3
Comprimentos de onda analíticos nm	Pb 220.35, Cd 228.8 Zn
Vista Plasma	213,85, Co228,61
Comprimentos de onda analíticos nm	Radial
	Cu 324,75

3.2.2. Reagentes e Soluções

Pb(II), Cd(II), Zn(II), Cu(II) e Co(II) foram obtidas soluções de stock padrão 1000 ppm da empresa Aldrich. Foi utilizada água desionizada para a preparação de soluções (Milli-Q Millipore 18,2 M0 cm-1 condutividade). O ácido clorídrico, ácido nítrico e ácido tioglicólico foram adquiridos HI-MEDIA. Solução de hidrato de hidrazina SCHARLAU (BATCH).

3.2. 3. Procedimento

3.2.3.I. Preparação da proteína de membrana solúvel da casca do ovo (SEP)

(250g) de cascas de ovo foram lavadas várias vezes com água desionizada para remover albumina. Em seguida, a casca do ovo foi imersa num 500 ml de ácido acético a 2% a 25 °C durante 1h, a fim de libertar a membrana da casca do ovo (ESM) da casca. Esta membrana foi então lavada com água desionizada para remover o excesso de ácido acético e depois seca a 80 ^{oC} durante 6 h e triturada. (10g) de ESM em pó foi imersa em 150 ml de (1,2 N de ácido tioglicólico e 10% de solução aquosa de ácido acético) e filtrada durante 1 h a 25°C para formar uma solução de suspensão, depois foi refluxada (aproximadamente 30 h) até a ESM estar completamente dissolvida.

3.2.3.2. Preparação do grafeno

(1g) de óxido de grafeno disperso em 100 ml de água DI, Esta dispersão foi filtrada utilizando um produto de limpeza de banho ultra-sónico durante 1 hora. A hidrazina monohidrato 80% 10ml foi subsequentemente adicionada e a solução um condensador arrefecido por água durante 35 horas produziu uma precipitação negra de pó de óxido de grafeno reduzido. Após arrefecimento à temperatura ambiente, o pó foi autorizado a precipitar durante dois dias, após o que o precipitado foi separado por decantação e copiosamente lavado com água DI e metanol. O filtrado foi seco a ^{60oC} até a solução evaporar, o pó foi então copiosamente lavado por água DI e metanol, o pó foi seco a 40oC durante 5-7 horas em forno (memmert oven).

3.2.3.3. Preparação do sorbente G-SEP

O grafeno é um material nano dispendioso, pelo que preparamos novo material misturando SEP com G de modo a utilizá-lo como sorbente ecológico e barato para extracção de fase sólida (0,21 g) de grafeno foi disperso em (10 ml) água desionizada utilizando ultarasonicator durante (1) hora. Esta solução foi adicionada a (20 ml) de SEP (2g) e sonicada durante 3 horas e refluxada a 80 °C durante 10 horas.

3.2.4. Preparação da coluna

A coluna foi preparada embalando 0,299 g do nano G-SEP numa coluna de vidro vazia (6,85 cm de comprimento x 0,3 cm i.d.). As duas extremidades da coluna foram fechadas por lã de vidro para evitar qualquer perda de nano sorbente durante as etapas de SPE. Depois a coluna foi ligada a uma bomba com tubagem para formar um sistema de pré-concentração. 2 mol L-1 de solução aquosa HNO3 e 10 ml de água deionizada foram passados através da coluna para a limpar posteriormente. Em seguida, a coluna foi condicionada aos valores de pH requeridos por soluções tampão.

3.2.5. Recolha de amostras

Toda a amostra foi retirada da província de Kirkuk, que fica 275Km a norte de Bagdad. As amostras de crude e fuelóleo foram recolhidas na Governação de Kirkuk - Iraque. Amostras de petróleo bruto (reservatório cretáceo do campo petrolífero de Khabbaz, poço 40, reservatório cretáceo do campo petrolífero de Bai Hassan, reservatório terciário do campo petrolífero de Hamrin-27, reservatório terciário do campo petrolífero de Ajil, reservatório terciário do campo petrolífero de Khabbaz, poço-32, reservatório terciário do campo petrolífero de Bai Hassan) de diferentes profundidades, três amostras de amostra de óleo combustível (normal, 95 excelente e super), uma amostra de fuelóleo pesado, oito amostras de solo (rua Kirkuk-Erbil, rua Kirkuk-Sulymaniya, centro da cidade de Kirkuk, rua Kirkuk-Tikrit, rua Kirkuk-Bagdad, centro oeste da cidade de Kirkuk, rua Senaey e solo da cidadela de Kirkuk), cinco tipos de amostras de água (água de poço, água potável, água de rio, água da torneira, água doce e águas residuais) e cinco amostras de *Citrus aurantium L.* de cinco locais diferentes (casca e polpa) (centro da cidade de Kirkuk way Bagdad, senaey street, Kirkuk-Bagdad way, centro oeste da cidade de Kirkuk e normal) foram analisadas para determinar o total de concentrações trivalentes de chumbo, cádmio, zinco, cobre e iões de cobalto.

3.2.6. Aplicações das amostras

Amostra apropriada para análise, que deve ser digerida primeiro antes da análise pelo ICP-OES. As amostras de óleo cru (10g) foram aquecidas num recipiente fechado, utilizando banho de areia. As amostras foram queimadas na fornalha (antes da secura), a 500 ^{oC} para um depósito preto. (0,35g) de cada amostra foi recolhida e digerida com 10 ml de ácido nítrico durante a duração da quantidade mínima. A solução residual foi filtrada e completada até um volume de 10 ml, utilizando 1% de HNO3. Enquanto, no caso das amostras de fuelóleo e fuelóleo pesado, 10 ml de cada amostra foram evaporados até à quantidade mínima, depois digeridos por 5 ml de HNO3 concentrado utilizando banho de areia. A solução residual foi filtrada e completada até um volume de 10 ml, utilizando 1% de HNO3. As condições óptimas que foram obtidas foram aplicadas a estas amostras.

As amostras de solo foram recolhidas em sacos de plástico, rotulados e removidos para o laboratório.

As amostras foram trituradas em motor e peneiração . Usando 1mm , a amostra (0,75g) foi digerida com ácido nítrico concentrado em banho de areia, até à secura da amostra, depois foi adicionada água desionizante, filtrada e completada com água desionizante até 100ml.

Foram recolhidas diferentes amostras de água (água de poços, águas residuais, água da torneira, água potável e água do rio). Estas amostras de água foram filtradas. São utilizados 100 ml destas soluções a fim de verificar as concentrações totais.

As frutas de *Citrus aurantium L.* foram recolhidas e lavadas com água desionizada. Depois separou-se em casca de laranja e polpa de laranja e secou-se no forno a 100 ºC durante 48 h. Depois foi esmagada e (5 g) de cada parte de laranja foi acidificada com 1:1 v/v HNO3: água desionizada e aquecida a 70 ºC sob agitação durante 24 h, depois desta etapa, deixou em agitador automático durante 5 h. A mistura foi filtrada. Depois diluída até 50 ml de solução aquosa a 1% de HNO3.

3.3. Resultados e discussões

3.3.1. Estudo das condições óptimas

As condições óptimas foram estudadas e estabilizadas de modo a proporcionar os melhores resultados possíveis, como se pode ver no Quadro 2.

Quadro 2. As condições óptimas da coluna para obter os melhores resultados

Não.	Factor de efeito	Gama de estudo das condições óptimas	A melhor circunstância ideal
1-	pH	2-11	6
2-	Taxa de fluxo e eluente	0,5-5 ml/min	0,5ml/min
3-	Tipos e concentração eluente	HNO_3, HCl e HNO_3 em acetona.	$1MHNO_3$ em acetona
4-	Volume da amostra	(5-100) ml	100ml

3.3.2. Números analíticos de mérito

O limite de detecção da actual coluna G-SEP SPE de Pb(II) , Cd(II), Co(II),

Os iões Cu(II) e Zn(II) foram realizados nas condições óptimas após a aplicação do procedimento à solução em branco. Como se mostra no Quadro 3. Com base em 3 vezes o desvio padrão de 10 execuções da solução reagente em branco, verificou-se que eram 0,10 pg L-1 , 0,073pg L-1, 0,013pg L-1, 0,09pg L-1 e 0,12pg L-1 para Pb(II) , Cd(II), Co(II), Cu(II) e Zn(II), respectivamente.
O desvio padrão relativo (RSD %) deste estudo foi obtido 1,2% para Pb(II) , 1,0% para Cd(II), 1,87% para Zn(II), 2,14% para Cu(II) e 2,2% para Co(II).

Quadro 3. Parâmetros das curvas de calibração dos iões de metais pesados .

Elemento	Correlação coeficiente	Linear gama (mg.U1)	Equação	LOD $(<\wedge g. ^{L-1)}$	RSD%
Pb	0.9992	0.5-5	y =2.1677X+0.1248	0.1	0.12
Cd	0.9979	0.5-5	y =1,9288X-0,1181	0.073	1.037
Zn	0.9973	0.5-5	y = 19,924x -0,9162	0.12	1.87
Cu	0.9992	0.5-4	y = 0,0047x + 0,0003	0.09	2.14
Co	0.9982	0.5-5	y = 8,8399x -0,861	0.013	2.20

Quadro 4. Concentrações dos elementos estudados no petróleo bruto após e antes da utilização da coluna.

	Total de concentração se fore utilizando o coluna ($^\wedge$g g1)					Total de concentração afte r utilizando o column ($^\wedge$g g1)				
	Pb	Cd	Cu	Zn	Co	Pb	Cd	Cu	Zn	Co
1	11.239±1.3	N.D	1.98±0.2	52.325±2.3	0.482±0.1	11.43±0.2	0.002±0.2	2.103±0.1	53.107±1.2	0.603±0.4
2	2.287±1.2	0.044±0.1	4.079±0.3	103.77±1.2	0.419±0.7	2.361±0.2	0.061±0.4	4.51±0.3	105.12±2.4	0.537±0.3
3	13.761±1.1	N.D	4.016±0.4	11.14±2.05	0.598±0.3	14.593±0.4	0.003±0.1	4.093±1.2	11.193±1.3	0.821±1.2
4	43.957±0.4	0.16±0.2	1.97±0.13	9.701±0.6	1.116±1.1	45.014±0.2	0.184±0.3	2.067±0.5	10.202±0.5	1.53±0.6
5	2.318±0.7	N.D	16.573±0.4	12.87±0.42	0.301±0.2	3.512±0.12	0.005±0.05	17.782±1.4	13.026±0.21	0.451±0.11
6	7.491±0.5	0.031±1.1	58.549±0.21	164.23±1.8	0.195±1.2	8.146±1.4	0.035±0.5	59.891±1.3	162.32±0.7	0.253±1.3

Como no Quadro 4, os resultados mostram que existe uma diferença entre as concentrações de elementos pesados após e antes da utilização da coluna para pré-concentrar os analitos. Também os resultados demonstram que a concentração de elementos no petróleo bruto que poderiam ser considerados principais poluentes do ambiente através de fábricas e a combustão aleatória de derivados do petróleo bruto. Este ponto é uma das razões para aumentar a concentração de elementos no ambiente. Também notamos que após a utilização da coluna, as concentrações foram mais do que as directamente determinadas, embora se encontre como um vestígio de concentrações. A partir dos dados enumerados no Quadro 3, pudemos constatar que as concentrações mais elevadas de chumbo, cobalto e cádmio se encontravam no (poço 4) e as menos concentrações foram registadas no (poço 2) para o chumbo, cádmio (poço 1) e cobalto no (poço 5); enquanto as concentrações mais elevadas para o cobre e zinco foram registadas no (poço 6). As menores concentrações de cobre e zinco foram encontradas no (poço 4).

Quadro 5. Concentrações dos elementos estudados no fuelóleo após e antes da utilização da coluna

AnalytPbCdCuZnCoPbCdCdCuZnCo

	Total da concentração antes de utilizar a coluna (ng ml^{-1})					Total da concentração após utilização da coluna (ng ml1)				
Normal12.377±0.	30.064±1.	20.082±0.	218.02±4.	20.04±0.	112.821±2.	10.081±0.	20.104±0.	318.983±1.	20.09±0.1	
95Excellent 0.489±0.	10.002±0.	410.667±1.	711.662±2.	10.13±1.	10.603±2.	30.005±0.	111.46±1.	212.734±2.	30.21±0.01	
super17.731±1.	60.630±1.	10.709±1.	422.66±3.	10.266±2.	118.513±1.40.691±1.	31.030±0.	624.091±1.	210.351±1.		

O quadro 5 mostra que a concentração de íon de chumbo foi a mais elevada possível em (super fuelóleo) amostra. A razão deve-se à presença de aditivos de chumbo tetraetilo, que é considerado um contaminante importante para o ambiente, incluindo o solo e a água, e deles para a planta ou directamente para o ser humano. A menor proporção foi observada no tipo (95Excellent). Os íons cádmio, zinco e cobalto foram os mais altos na super e mais baixos concentrações de cádmio e zinco em (95 Excelente). A concentração de cobalto e cobre foi encontrada na percentagem permitida. o cobre foi a concentração mais alta em (95Excellent).

Quadro 6. Concentrações dos elementos estudados no fuelóleo pesado após e antes da utilização da coluna

Pb	Cd	Cu	Zn	Co	Pb	Cd	Cu	Zn	Co
Total da concentração antes de utilizar a coluna (pg ml-1)					Total da concentração depois de utilizar a coluna (pg ml1)				
3.466	0.002	0.594	20.572	0.024	4.113	0.005	0.84	22.15	0.036
±0.3	±0.4	±0.5	±2.2	±1.3	±1.1	±1.0	±0.3	±2.4	±0.4

Quadro 6 mostra o concentração directa e indirecta de estudadiões de oelementos, concentração de iões no combustível dos veículos, que são também causas de poluição ambiental.

Quadro 7 Concentrações de elementos estudados no solo e sua comparação com o solo da cidadela arqueológica em Kirkuk depois e antes da coluna

Não.	Pb Total de (^g g1)	Cd concentrtion a	Cu antes	Zn utilizan do o	Co coluna	Pb Total de (±g g1)	Cd ' concentr a	Cu depois de	Zn utilizand o o	Co coluna
1	26.101± 2.4	0.114± 0.2	23.031± 2.5	85.086 ±2.3	10.191 ±0.5	28.411 ±1.3	0.131± 0.2	24.312 ±1.7	86.423 ±4.3	11.032 ±3.3
2	229.13± 4.6	0.137± 0.4	41.461± 3.4	83.575 ±4.3	8.436± 0.7	225.2± 6.1	0.156± 0.3	42.614 ±3.4	82.641 ±2.1	9.376± 1.3
3	154.20± 1.3	0.106± 0.1	76.722± 1.8	122.22 ±5.4	6.714± 1.3	152.03 ±3.4	0.127± 1.4	75.943 ±2.8	120.47 ±1.6	7.514± 1.2
4	21.068± 5.1	0.066± 1.1	14.508± 0.6	65.386 ±6.1	8.212± 2.1	22.94± 2.1	0.071± 0.2	15.094 ±0.3	65.974 ±3.1	9.087± 0.5
5	164.77± 7.3	0.034± 1.3	28.595± 3.4	84.371 ±3.1	10.751 ±1.4	163.1± 3.3	0.051± 1.0	28.642 ±2.7	86.156 ±0.8	11.881 ±0.9

6

82.471± 4.9

0.912± 0.5

20.242± 2.6

69.914 ±4.0

7.685± 4.3

84.29± 5.1

1.003± 0.5

20.941 ±1.4

71.052 ±0.2

7.435± 0.4

7	21.696±	0.140±	129.79±	60.948	10.85423	.04±0 .037	.133±	125.67	62.37212
	1.7	1.0	8.4	±3.2	±3.3	3.2	0.3	±4.6	±1.2	±2.3
8	8.963±0	0.023±	18.159±	64.238	6.019±	10.29±	0.031±	20.413	65.713	7.012±
	.8	0.3	2.1	±3.2	2.1	2.2	1.1	±2.1	±2.2	2.7

No Quadro 7 observámos que a concentração de chumbo é tão elevada quanto possível em (posição 2), cádmio em (posição 6), cobre e cobalto em (local 7) e zinco em (posição 3). A menor concentração de todos os elementos foi a mais baixa possível em (posição 8). observamos que os elementos estão constantemente a aumentar quando comparados com o solo (posição 8), que na altura não havia resíduos industriais ou a presença de poluentes causados pelo petróleo ou derivados industriais.

Este estudo também investigou a determinação das concentrações de iões de elementos em diferentes tipos de amostras de água, que é uma fonte directa de aumento da concentração destes iões no corpo humano. Como se mostra no Quadro 8.

Quadro 8. Concentrações dos elementos estudados em diferentes amostras de água após e antes da utilização da coluna

Analisar	Pb	Concentra do de Cd	Cu	Zn	Co e	Pb	Cd	Cu	Zn Co	
	Total de	(gg $^{ml-1}$)	ião antes	* usando o		Total de	oncentra depois de utilizando a coluna			
	coluna					U-ig ^{mll})				
Água do poço	1.734±	0.069±	1.061±	9.878±	0.061	2.043±1	0.075±	1.121±	10.021	0.059±
	0.22	0.01	1.0	0.3	±0.2	.0	0.3	0.2	±1.2	0.1
Bebidas	0.930±	0.051±	0.918±	8.299±	0.09±	1.002±0	0.071±	1.041±	9.347±	0.103±
água	0.23	0.02	1.2	0.5	0.09	.3	1.2	2.3	1.4	2.1
Esgotos	1.136±	0.159±	N.D	8.300±	0.070	1.432±0	0.143±	0.009±	9.213±	0.094±
água	0.05	0.0		1.6	±0.4	.6	2.1	0.01	1.1	1.1
Água do rio	1.691±	0.051±	0.665±	11.35±	0.056	1.941±0	0.070±	0.941±	11.511	0.060±
	0.11	0.1	0.4	1.2	±0.1	.4	0.6	0.3	±0.8	0.3
Água da torneira	0.678±	0.040±	0.454±	3.426±	0.001	0.916±0	0.058±	0.611±	3.576±	0.002±
	0.01	0.06	0.1	0.3	±0.6	.2	0.2	1.1	0.2	0.04
Resíduos	2.874±	0.080±	0.267±	9.142±	0.022	3.451±1	0.076±	0.249±	10.003	0.034±
água	0.3	0.01	0.4	2.3	±1.2	.1	0.3	0.3	±1.5	0.2

No Quadro 8 observamos que a maior concentração em águas residuais foi registada para o chumbo, cobre, cádmio na água de esgotos, cobre na água de poços, e zinco na água de rios, enquanto que as menores concentrações de iões foram chumbo, cádmio, zinco e cobalto na água da torneira e cobre na água de esgotos. A razão para o aumento das concentrações destes iões de elementos na água deve-se à presença de fábricas ou hospitais que despejam resíduos ou à falta de controlo sobre eles. Neste estudo foram também recolhidas 5 amostras da fruta e divididas em duas partes da crosta e polpa de diferentes locais da cidade de Kirkuk, bem como em comparação com a amostra em branco retirada de um local limpo e de um ambiente muito limpo. As concentrações dos elementos estudados foram determinadas e estimadas no Quadro 9.

Quadro 9. Concentrações dos elementos estudados tanto na polpa como na crosta de amostras de *Citrus aurantium L.* após e antes da utilização da coluna.

N°	Pb	Cd	Cu	Zn	Co	Pb	Cd	Cu	Zn	Co
	Total da concentração antes da utilização da coluna $(Hg\ g^{-1})$.					Total da concentração após utilização da coluna $(Hg\ g^{-1})$.				
A	1.920±0	0.153±0	5.014±0	10.472±	0.056±	2.12±0	0.184±	4.981±	10.581±	0.084±
A	.2	.01	.4	2.3	0.5	.9	0.3	0.6	2.1	1.2
aa	0.839±0	n.d	4.352±0	15.483±	0.727±	1.02±1	0.004±	4.511±	16.02±0	0.91±0
	.05		.7	1.5	0.7	.2	1.6	0.2	.6	.3
B	0.576±0	0.051±0	6.644±1	9.921±2	0.112±	0.713±	0.07±2	7.01±1	10.0±0.	0.146±
B	.3	.01	.6	.4	1.2	1.3	.5	.2	1	0.5
bb	2.961±0	0.021±0	4.313±0	7.037±0	0.031±	3.241±	0.034±	4.572±	7.349±0	0.04±0
	.01	.02	.8	.4	1.5	3.2	1.3	3.4	.5	.7
C	0.362±0	0.045±0	3.368±2	7.298±3	0.034±	0.503±	0.061±	3.512±	7.561±0	0.031±
C	.2	.1	.1	.4	2.3	1.5	0.1	1.8	.1	0.1
cc	0.705±0	0.050±0	4.525±1	11.044±	0.043±	0.901±	0.045±	4.781±	11.24±0	0.051±
	.18	.21	.4	2.8	0.8	3.1	0.6	0.4	.3	1.3
D	0.678±0	0.084±0	8.052±0	10.273±	0.286±	0.881±	0.09±18		.134±	10.507± 0.308±
D	.2	.1	.9	1.6	1.4	0.5	.5	0.6	0.1	1.1
dd	5.629±0	3.212±0	11.464±	12.409±	0.121±	6.012±	3.301±	11.51±	12.51±0	0.142±
	.07	.04	4.2	2.7	0.6	0.7	2.4	0.1	.5	0.2
E	0.758±0	0.126±0	7.298±1	12.744±	0.106±	0.97±0	0.152±	7.413±	12.471±	0.114±
E	.02	.07	.1	1.2	0.4	.3	1.1	0.2	1.1	2.1
ee	0.785±0	0.054±0	3.806±2	34.271±	0.165±	0.908±	0.061±	4.03±2	34.01±1	0.171±
	.01	.02	.1	1.8	1.4	3.1	0.1	.2	.4	0.9

Do Quadro 9, observamos que as concentrações de iões de metais pesados nas crostas e no fruto inteiro estão em concentrações permitidas de acordo com a OMS (OMS, 2012). excepto na amostra de fruta dd onde a concentração de cádmio e chumbo foi mais elevada do que a permitida pela OMS. Depois de confirmarmos, notámos que esta árvore, pela primeira vez, produz um fruto e causa de aumento na concentração destes iões devido à acumulação de uma grande quantidade de iões na árvore e com o início do fruto foi-lhe dada. A quantidade de elementos foi acumulada durante um período de tempo.

Conclusão

A utilização desta coluna como extracção de fase sólida é muito eficaz para demonstrar a concentração real de cada elemento iónico, e este é um mecanismo muito bom nesta área de determinação de metais pesados em concentrações vestigiais, bem como a sequência da transmissão destes iões de combustíveis ou óleos brutos e seus derivados para o solo, água, planta e depois para o homem. Os resultados mostram também que os recentes acontecimentos em que o nosso país participou no aumento da concentração de iões devido à falta de um controlo efectivo de seguimento das adições ilegais, bem como o aumento do número de automóveis pequenos e grandes, densidades populacionais e queima irregular de derivados do petróleo.

Referências

1- Alothman, Z. A., Unsal, Y. E., Habila, M., Tuzen, M., & Soylak, M. (2015). Um procedimento de filtração por membrana para o enriquecimento, separação e determinação espectroscópica de absorção atómica por chama de alguns metais em amostras de água, cabelo, urina e peixe. *Dessalinização e tratamento de água, 55*(13), 3457-3465.

2- Balaz, M. (2014). Eggshell membrane biomaterial como plataforma para aplicações na ciência dos materiais. *Acta biomaterialia, 10(9)*, 3827-3843.

3- Yuan, B., Bao, C., Song, L., Hong, N., Liew, K. M., & Hu, Y. (2014). Preparação de nanocomposto de óxido de grafeno/polipropileno funcionalizado com estabilidade térmica significativamente melhorada e estudos sobre o comportamento de cristalização e propriedades mecânicas. *Chemical Engineering Journal, 237,* 411-420.

4- Bilandzic, N., Dokic, M., & Sedak, M. (2011). Determinação do conteúdo metálico em quatro espécies de peixes do Mar Adriático. *Química alimentar, 124(3),* 1005-1010.

5- Chester, R., Kudoja, W. M., Thomas, A., & Towner, J. (1985). Reconhecimento da poluição em sedimentos de riachos utilizando metais vestigiais não residuais. *Environmental Pollution Series B, Chemical and Physical, 10(3),* 213238.

6- Gouda, A. A. (2014). Extracção em fase sólida utilizando nanotubos de carbono com múltiplas paredes e quinalizarina para pré-concentração e determinação de quantidades vestigiais de alguns metais pesados em alimentos, água e amostras ambientais. *International Journal of Environmental Analytical Chemistry, 94*(12), 1210-1222.

7- Khuhawar, M. Y., Mirza, M. A., & Jahangir, T. M. (2012). Determinação de iões metálicos em óleos brutos. **Nas *emulsões de petróleo bruto - estabilidade e caracterização da composição.*** IntechOpen.

8- Oves, M., Saghir Khan, M., Huda Qari, A., Nadeen Felemban, M., & Almeelbi, T. (2016). Metais pesados: importância biológica e estratégias de desintoxicação. *Journal of Bioremediation and Biodegradation, 7*(2), 1-15.

9- Rahimi, M., & Noroozian, E. (2014). Fritas revestidas com copolímero condutor nano-estruturado para extracção em fase sólida de hidrocarbonetos aromáticos policíclicos em amostras de água e análise cromatográfica líquida. *Talanta, 123,* 224-232.

10- Wuana, R. A., & Okieimen, F. E. (2011). Metais pesados em solos contaminados: uma revisão das fontes, química, riscos e melhores estratégias disponíveis para a remediação. *Isrn Ecology, 2011.*

11- Stankovich, S.; Dikin, D. A.; Piner, R. D.; Kohlhaas, K. A.; Kleinhammes, A.; Jia, Y.; Wu, Y.; Nguyen, S. T. e Ruoff, R. S. 2007. Síntese de nano folhas de grafite através da redução química do óxido de grafite esfoliado. ***Carbono.***, 45(7): 1558-1565.

12- Tchounwou, P. B., Yedjou, C. G., Patlolla, A. K., & Sutton, D. J. (2012). Toxicidade dos metais pesados e do ambiente. **Em** ***Molecular, clinical and environmental toxicology*** (pp. 133-164). Springer, Basiléia.

13- Tessier, A., Campbell, P. G., & Bisson, M. (1979). Sequential extraction procedure for the speciation of particulate trace metals. ***Química analítica,*** *51(7),* 844-851.

14- Wang, M., Meng, G., Huang, Q., Tang, H., Li, Z., & Zhang, Z. (2015). CNT - membrana de casca de ovo ancorada decorada com Ag-NPs como substratos SERS baratos mas eficazes. ***Science China Materials,*** *58(3),* 198-203.

15- Wang, S., Wei, M., & Huang, Y. (2013). Biosorção de iões de metais pesados tóxicos múltiplos a partir de água aquosa sobre resíduos alimentares membrana de casca de ovo funcionalizada com tioglicolato de amónio. ***Journal of agricultural and food chemistry,*** *61*(21), 4988-4996.

16- Comité Misto FAO/OMS de Peritos. (1993). Avaliação da segurança de certos aditivos alimentares e contaminantes (WHO Food Additives Series, 44). http://www. inchem. org/documents/jecfa/jecmono/v44jec12. htm.

17- YALC1NKAYA, O., Kalfa, O. M., & Turker, A. R. (2010). Método de extracção de fase sólida sem agente quelante (CAF-SPE) para a separação e/ou pré-concentração de iões de ferro (III). ***Turkish Journal of Chemistry,*** *34(2),* 207-218.

18- Yi, F., Guo, Z. X., Zhang, L. X., Yu, J., & Li, Q. (2004). Proteína solúvel da casca do ovo: preparação, caracterização e biocompatibilidade. ***Biomateriais,*** 25(19), 4591-4599.

19- Zhang, Y., Wang, W., Li, L., Huang, Y., & Cao, J. (2010). Extracção de fase sólida à base de membrana de Eggshell combinada com espectrometria de fluorescência atómica de geração de hidretos para o vestígio de arsénico (V) em amostras de água ambiental. ***Talanta,*** *80(5),* 1907-1912.

I want morebooks!

Buy your books fast and straightforward online - at one of world's fastest growing online book stores! Environmentally sound due to Print-on-Demand technologies.

Buy your books online at
www.morebooks.shop

Compre os seus livros mais rápido e diretamente na internet, em uma das livrarias on-line com o maior crescimento no mundo! Produção que protege o meio ambiente através das tecnologias de impressão sob demanda.

Compre os seus livros on-line em
www.morebooks.shop

KS OmniScriptum Publishing
Brivibas gatve 197
LV-1039 Riga, Latvia
Telefax: +371 686 204 55

info@omniscriptum.com
www.omniscriptum.com

Printed by Books on Demand GmbH, Norderstedt / Germany